아주대학교 과학영재교육원과 함께하는

미래사회를 선도할 꿈나무들을 위한 과학

Curious Mind Letter

최수영 · 오규환 · 이경화 · 이영만
황택규 · 백재순 · 류신호 · 박기수
송상헌 · 구은희 · 강재필 · 이태권
정은경 · 고종원 · 김봉수 · 홍준의 공저

KYOWOO

인사말

지난 4년 동안 아주대학교 과학영재교육원이 발행한 Curious Mind Letter(CML)의 모음집을 여러분의 손에 드릴 수 있게 되어 무척 기쁩니다. CML은 전 최수영 원장님의 바람을 담아, 아주대학교 과학영재교육원의 교육 역량과 헌신을 공유하고, 영재교육의 깊은 의미와 중요성을 확산하기 위해 처음 출간되었습니다.

영재교육의 중요성은 이미 수없이 강조되었으나, 그 의미를 한 번 더 되새깁니다. 영재들은 독특한 잠재력을 가지고 있지만, 그 잠재력을 펼칠 수 있는 적절한 교육 환경이 절실하게 필요합니다. 아주대학교 과학영재교육원은 그런 환경을 제공하며, 영재들이 능력을 최대한 발휘할 수 있게 도와주고 있습니다.

이 CML 모음집은 그 이름에 걸맞게 학생들에게 호기심을 불러일으키는 시각을 제공할 것입니다. 학생들은 이를 통해 자신의 흥미와 잠재력을 발견하고, 그 분야에서 더욱 빛나는 영재로 성장할 수 있을 것이라 기대합니다. 이 모음집이 과학영재교육원에 재학 중인 학생뿐 아니라 새롭게 관심을 가진 학생들에게도 도움이 될 것입니다.

애정어린 마음으로 그동안 CML 집필에 참여해주신 교수님들과 CML이 잘 출판 될 수 있게 도와 주신 아주대학교 과학영재교육원 행정팀에 감사드립니다. 특별히 CML 모음집 편집을 맡아주신 구아현 선생님께도 진심으로 감사를 표합니다.

아주대학교 과학영재교육원은 여러분의 성장을 응원하고 있습니다. '누구나 보석이 될 수 있다'라는 우리 영재교육원의 교육 철학을 마음에 새기시고, 그 보석처럼 반짝이는 미래를 향해 나아가시길 바랍니다.

감사합니다.

고 호 경

아주대학교 과학영재교육원장

목 차

미래사회를 선도할 꿈나무들을 위한

과학 Curious Mind Letter (CML)

1호

과학과 기술의 융합

1. 수학 : 드론의 경로와 수학
2. 정보 : 컴퓨팅 사고란 무엇인가?
3. 물리 : 기본단위의 재정의
4. 생물 : 생명은 답을 알고 있다!
   – 생체모방(Biomimetics)에 관해

01 수학 : 드론의 경로와 수학

최수영 아주대학교 수학과 교수
전 아주대학교 과학영재교육원 원장

미래사회를 여는 여러 기술 중 가장 우리의 현실에 가깝게 다가온 것 중 하나가 바로 드론이다. 군사용 무기로 주로 쓰였던 드론은 현재 항공촬영, 재난 현장, 물품조달, 영화촬영, 배달 등 다양한 분야에서 활용되고 있다. 최근에는 드론의 가격이 저렴해지면서 많은 사람이 드론을 쉽게 접할 수 있는 시대가 되었다. 유명 여행지에 가면 드론을 날리며 촬영하는 사람을 쉽게 만날 수 있다.

최근 필자는 드론을 사용하여 건물이나 다리의 결함을 파악하는 연구에 자문해 준 적이 있다. 매우 정교한 드론으로 구조물의 전체를 파악하여 인공지능을 이용하여 결함부위를 찾아내는 연구라 할 수 있다. 본 연구에서 필자의 관심을 더 끌었던 부분은 여러 장애물이 있는 구조물에서 목적지까지 안전하게 드론을 날리는 기술에 관한 것이었다. 자칫 드론 조종을 잘못하거나 경로를 잘못 잡으면 드론이 장애물에 부딪혀 망가지는 일이 생길 수 있기 때문이었다.

여기에서 한 가지 의문이 들었다. 여러 장애물이 있을 때 드론을 어떤 경로로 날려야 가장 안전하게 목적지에 도달할 수 있을까? 물론 최대한 장애물을 멀리 피하는 경로를 선택하는 것이 좋을 것이다. 그렇다고 너무 먼 거리를 돌아가면 시간이나 연료 등의 문제에서 손해를 많이 보게 될 것이다. 또한 하나의 장애물을 피하다 보면 다른 장애물에 가까워지는 경우도 있다. 따라서 여러 장애물을 종합적으로 판단하여 드론의 경로를 정해야 한다.

만약 장애물이 두 개가 있는 경우는 어떨까? 두 장애물을 모두 돌아가는 선택을 하지 못하는 경우라면 두 장애물 어느 하나에도 치우치지 않는 점을 지나가는 것이 가장 안전하다고 할 수 있다. 이때 드론의 경로는 두 장애물의 수직이등분선을 지나야 한다. 다음 내용의 증명은 중학교 1학년 수학 내용을 알아야 하므로 저학년 학생은 그냥 지나가도 좋다.

정리 1

두 점 A, B와 같은 거리에 있는 평면상의 점의 모임은 선분 $\overline{AB}$의 수직이등분선을 이룬다.

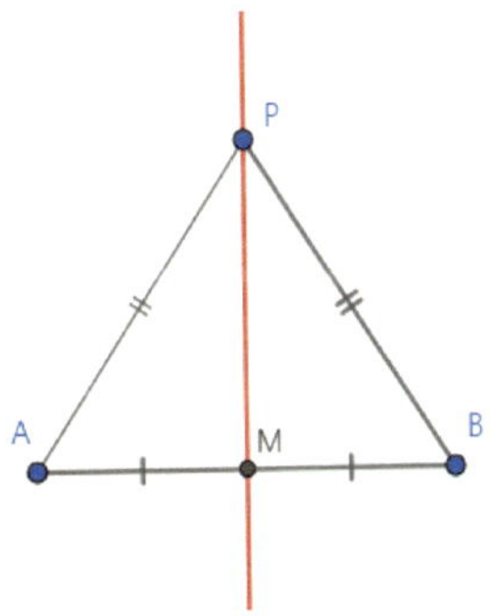

증명 평면상의 점 P가 $\overline{PA}=\overline{PB}$를 만족한다고 하자. 선분 $\overline{AB}$의 중점을 M이라 하면, $\overline{MA}=\overline{MB}$, $\overline{PM}$은 공통이므로 $\triangle PAM$과 $\triangle PBM$은 세 변의 길이가 같다. 따라서 $\triangle PAM$과 $\triangle PBM$은 합동이고 $\angle PMA=\angle PMB$이다.

한편,

$$2\angle PMA=\angle PMA+\angle PMB=\text{평각}$$

이므로 $\angle PMA=90°$이다. 따라서 P는 $\overline{AB}$의 수직 이등분선 위에 있다.

증명 끝

이제 장애물이 여러 개 있는 경우를 생각하자. 장애물에 해당하는 점이 여러 개 있는 경우에는 각 상황에서 가장 한 장애물에 너무 가까워지지 않는 방향으로 이동하여야 할 것이다. 매 순간 가까운 두 점이 있으므로 이때에는 정리 1과 같이 이 두 점의 수직이등분선을 지나야 한다. 이런 방법으로 여러 장애물을 피해 가다 보면 아래 그림과 같이 각 점의 쌍의 수직이등분선을 따라 이동하게 된다.

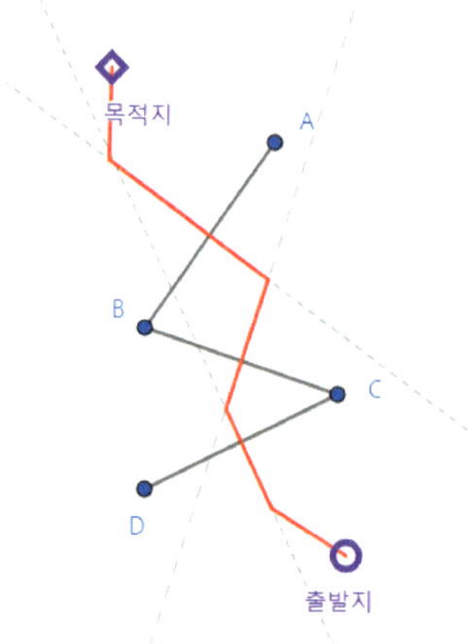

평면에 여러 개의 점이 있을 때 각 점의 쌍의 수직이등분선은 평면을 재미있는 모양으로 분할하게 된다. 이렇게 나누어진 평면을 보로노이 다이어그램(Voronoi diagram)이라 한다. 위 경로는 보로노이 다이어그램의 일부라 할 수 있다.

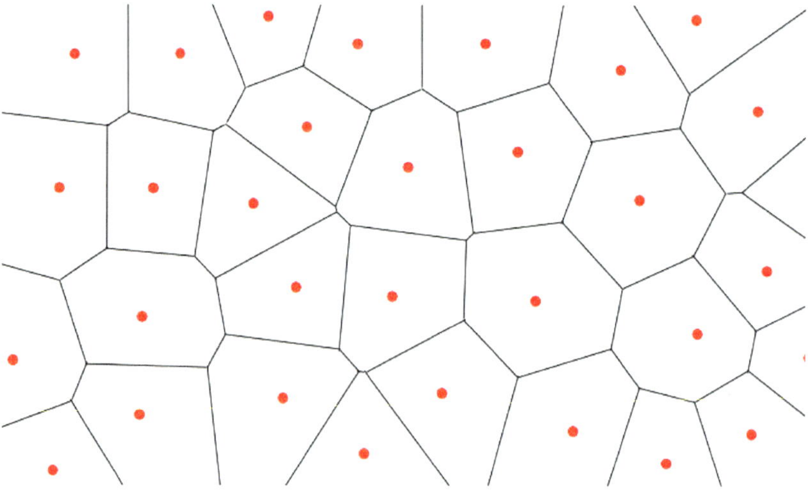

보로노이 다이어그램은 제주도의 주상절리나 잠자리 날개와 같은 자연적으로 많이 나타날 뿐 아니라, 컴퓨터 그래픽, 최적화 문제 등에서도 많이 쓰이는 수학적 개념이다.

생각할 문제 1 주상절리가 보로노이 다이어그램 형태로 나타나는 이유가 무엇일까?

보로노이 다이어그램은 각 영역에 정확히 하나의 대표점을 포함한다. 드론의 경로에서 장애물이 대표점에 해당하게 된다. 평면위의 어느 한 점 P에 대하여 P와 가장 가까운 대표점을 찾으면 바로 P가 포함된 영역의 대표점이 된다. 즉, 보로노이 다이어그램은 각 영역은 각 장애물(=대표점)과 가장 가까운 점들의 모임이라 할 수 있다.

이를 이용하면 다음 사실을 알 수 있다.

정리 2

(1) 대부분의 보로노이 다이어그램의 꼭지점 V에서, V를 중심으로 하면서 대표점을 하나 이상 지나는 원 중 가장 작은 원은 반드시 정확히 세 개의 대표점을 지난다.

(2) 대부분의 보로노이 다이어그램의 선분 위의 점에서 그 점을 중심으로 하면서 대표점을 하나 이상 지나는 원 중 가장 작은 원은 반드시 정확히 두 개의 대표점을 지난다.

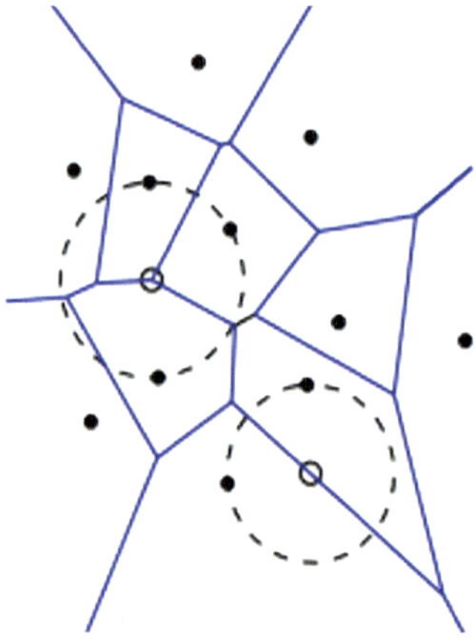

생각할 문제 2 위 정리 2에서 왜 '대부분의'라는 표현을 썼을까? 위 정리가 성립하지 않는 경우가 언제인지를 생각해보고 그런 경우가 일어날 가능성에 대해서 설명해 보자.

보로노이 다이어그램에서 각 영역이 서로 인접해 있으면 대응되는 대표점끼리를 선으로 연결할 수 있다. 위 정리 2가 성립하는 대부분의 경우에서는 평면이 삼각형으로 쪼개어지게 되는데 이를 델로네 삼각분할(Delaunay triangulation)이라 한다.

델로네 삼각분할은 평면에 몇 개의 점이 주어져 있을 때 그 점을 이용해서 만들 수 있는 가장 자연스러운 기하 형태를 제공해 주기 때문에 여러 분야에서 응용될 수 있다. 특히 몇 개의 점을 이용해서 사물의 전체 모양을 만들어 내는 그래픽 분야나 위상적데이터분석(Topological data analysis) 등에서 많이 활용된다.

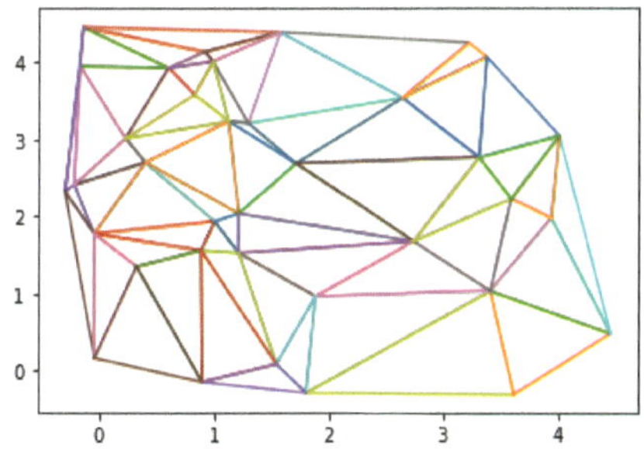

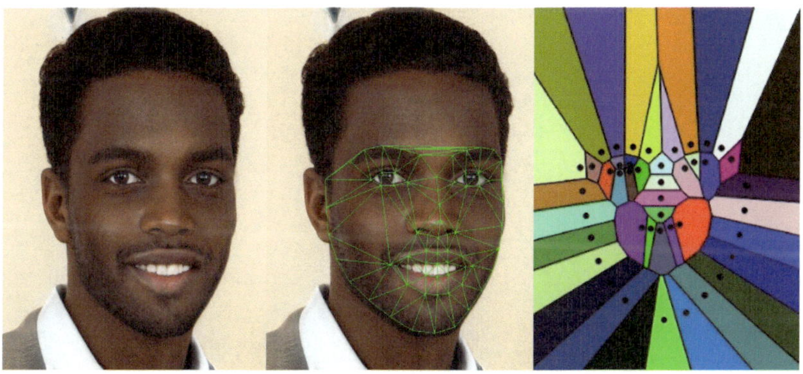

생각할 문제 3 정리 2가 성립하는 보로노이 다이어그램에 대해서 델로네 삼각분할이 존재하는 이유를 설명해 보자. 만약 정리 2가 성립하지 않는 보로노이 다이어그램에 대해서는 어떤 일이 벌어질까?

생각할 문제 4 주어진 점들로부터 델로네 삼각분할을 만드는 알고리즘을 만들어 보자.

* 본 내용의 일부는 최수영, 고호경 외 6인 저서 '드론, 수학으로 날다'의 내용에서 발췌하였습니다.

1 사진 출처 : Pixabay

02 정보 : 컴퓨팅 사고란 무엇인가?

오규환 아주대학교 미디어학과 교수
아주대학교 과학영재교육원 초등정보융합 지도교수

우리나라는 2018년부터 중학교에서 34차시, 초등학교에서 17차시 소프트웨어(Software, 이하 SW)교육을 필수로 진행하고 있다. 정부에서는 "SW중심대학"을 선정하여 지원하고 있으며 선정된 대학의 모든 학과에서는 학과 특성에 맞는 SW교육을 시행하고 있다. 필자의 지인도 "SW중심대학"에 선정된 대학에서 SW교육 수업을 담당하고 있는데 의대생들도 SW수업을 많이 수강한다고 한다. 1970~1990년에는 컴퓨터는 전공자들의 전유물이라고 받아들여졌지만, 컴퓨터 관련 인프라가 확산되고 융합을 통해 새로운 가치를 만드는 것이 중요해진 현대에서 어릴 적부터 SW교육을 통한 사고력 훈련은 모든 직업에서 기본역량으로 자리 잡고 있다.

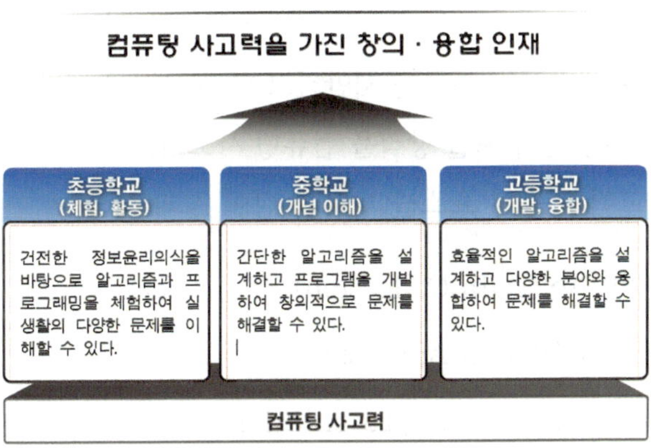

[그림 1] 한국의 SW교육이 추구하는 인재상[1]

초등학교에서는 체험을 통해 SW교육에 흥미를 유도하도록 교육과정을 운영하는 것을 목표로 하고, 중학교에서는 원리를 이해하는 활동 중심으로 운영하고 고등학교에서는 학생이 직접 무언가를 개발하거나 문제를 해결하는 활동으로 운영하는 것을 목표로 하고 있다. 한국의 SW 정규 교육에서 추구하는 핵심 키워드는 '컴퓨팅 사고(Computational thinking)'이다([그림 1] 참조). 그렇다면 컴퓨팅 사고는 무엇이고 어떤 활동을 통해 컴퓨팅 사고를 신장할 수 있을까?

2006년 자넷 윙(Jeannette M. Wing) 박사는『Communication of ACM 저널』에 "컴퓨팅 사고"라는 제목의 글[2]을 기고하였다. 이 글에서는 컴퓨팅 사고를 복잡한 문제를 풀기 위해 작은 단위로 문제를 분할하거나 문제의 핵심을 발견하여 해결하는 사고방식이라고 기술되어 있다. 2014년 SW교육을 연구하는 미국 컴퓨터과학교사협의회(CSTA, Computer Science teachers Association)와 국제교육기술협회(ISTE, International Society for Technology in Education)에서는 주어진 문제를 추상화하거나 분할하여 표현하고 알고리즘을 고안하여 컴퓨터로 해결하는 방식을 제안하고 다른 유사한 문제에 이 방식을 적용할 수 있는 문제 해결 방식을 컴퓨팅 사고라고 정의하였다. 그리고 컴퓨팅 사고력의 구성 요소를 다음과 같이 정의[3]하였다.

- 데이터 수집(Data Collection)
- 데이터 분석(Data Analysis)
- 데이터 표현(Data Representation)
- 문제 분할(Problem Decomposition)

- 추상화(Abstraction)
- 알고리즘과 절차(Algorithm & Procedure)
- 자동화(Automation)
- 모의실험(Simulation)
- 병렬화(Parallelization)

우리나라의 「SW교육운영지침」에서 기술된 컴퓨팅 사고력의 구성 요소는 CSTA와 ISTE에서 규범한 내용을 따르고 있다.

2015년 구글에서는 컴퓨팅 사고를 논리적으로 순서를 정하고 데이터 분석을 통해 알고리즘을 설계하여 문제를 해결하는 과정으로 정의하였다. 구글이 정의한 컴퓨팅 사고력의 구성 요소[4]는 다음과 같다.

- 데이터 수집(Data Collection)
- 데이터 분석(Data Analysis)
- 패턴 인식(Pattern Recognition)
- 데이터 표현(Data Representation)
- 분할(Decomposition)
- 추상화(Abstraction)
- 패턴 일반화(Pattern Generalization)
- 알고리즘 디자인(Algorithm Design)
- 자동화(Automation)

- 모의실험(Simulation)
- 병렬화(Parallelization)

영국 BBC에서는 주어진 복잡한 문제를 컴퓨터 또는 사람이 이해할 수 있는 수준으로 바꾸어 표현하고 해답을 발견하는 일련의 사고 과정을 컴퓨팅 사고로 정의하도 있다. 이와 연관된 4개의 세부 기술[5]은 다음과 같다.

- 분할(Decomposition)
  - 복잡한 문제나 현상을 작은 단위의 문제로 분할하여 단순한 여러 문제들의 조합으로 변환하는 것
- 패턴 인식(Pattern Recognition)
  - 문제를 분해 한 다음 유사성 또는 반복성 등 효율적으로 풀기 위한 일련의 규칙을 찾아내고 것
- 추상화(Abstraction)
  - 복잡한 현상이나 문제에서 특징을 추출한 후 단순화하여 일목요연하게 표현하는 것
- 알고리즘(Algorithms)
  - 문제를 절차적으로 빨리 풀 수 있는 일련의 과정을 설계하는 것

컴퓨팅 사고에 대한 이해도를 알고 싶다면 다음의 테스트를 해 보자.

- 컴퓨팅 사고 테스트(BBC) : https://www.bbc.co.uk/bitesize/ guides/ zp92mp3/test

컴퓨팅 사고는 위에서 언급한 세부 기술을 조합하여 문제를 해결하는 사고이다. 혹자는 컴퓨팅 사고를 컴퓨터 프로그래밍을 잘 할 수 있는 것과 연관지어 말하는데 이는 잘못된 해석이다. 위의 세부기술에서도 코딩(Coding) 또는 프로그래밍(Programming)이라는 단어를 사용하지 않고 있다. 프로그래밍 언어를 통해 코딩하는 과정은 컴퓨터를 통해 문제를 해결하는 여러 과정 중 하나이고 SW교육에서는 많은 경우 코딩을 통해 해답을 얻는다. 그러나 코딩을 컴퓨팅 사고 함양을 위한 핵심 내용으로 보는 것은 적절하지 못하다. 주어진 문제에 대해 해결하기 위한 알고리즘과 데이터 구조(Data structure)가 정해지면 프로그래밍 과정은 알고리즘과 데이터구조를 프로그래밍 언어로 표현하는 기계적인 변환 과정에 해당되는 경우가 대부분이다.

컴퓨팅 사고의 세부기술은 교육자 관점에서 매주 중요한 판단 기준으로 작용한다. SW교육 활동을 설계할 땐 세부 활동이 컴퓨팅 사고의 세부기술과 어떻게 연관 지을지 생각하여야 한다. 특히 SW결과물을 컴퓨팅 사고 관점에서 평가할 때에 컴퓨팅 사고의 세부기술은 중요한 평가기준이 될 수 있다.

자넷윙, ISTA, 구글, BBC에서 공통적으로 언급한 세부기술 중 추상화(Abstraction)는 다소 익숙하지 않은 단어이다. ISTA의 정의에 의하면 추상화는 '복잡함을 없애서 핵심만 남기는 것'을 의미한다. ISTA 에서 발간한 『교사를 위한 컴퓨팅 사고 자료집(Computational Thinking Teacher's Resource 2nd Ed)』에는 추상화 신장 학습 사례로 다음의 예[6]를 제시하고 있다.

- 유치원생~초등 2학년 : 여러 가지 색과 모양을 가지지만 3개의 면으로 구성된 기하도형은 모두 삼각형이라는 것을 알려준다.
- 초등 3학년~초등 5학년 : 이야기를 듣고 주제와 주요 내용에 대해 곰곰이 생각해 보고 이야기에 적절한 제목을 정한다.
- 초등 6학년~중등 2학년 : 연대기 별로 역사 자료를 수집하여 공부한 다음, 각 연대를 대표할 수 있는 기호, 주제, 사건, 사람, 가치에 대해 글과 그림으로 요역한다.
- 중등 3학년~고등 3학년 : 현재 정치의 특성을 분석하고 이 특성과 가장 유사했던 과거의 정치 시기를 찾아 공통점과 차이점을 정리한다.

『교사를 위한 컴퓨팅 사고 자료집』에는 컴퓨팅 사고를 함양할 수 있는 여러 활동이 소개되어 있다. 이 중 〈Conway's Game of Life〉에 대해 소개한다. 이 활동은 영국이 수학자 존 호튼 콘웨이(John Horton Conway)가 정의한 '인생 게임(Game of Life)[7]'의 규칙을 이해하고 알고리즘을 만들어 보는 과정을 통해 컴퓨팅 사고를 함양하는 활동이다. '인생 게임'은 2차원 격자(Grid)를 구성하는 각 칸들의 상태가 어떻게 달라지는지에 대한 규칙으로 정의된다. 사각형 격자의 각 칸을 세포

(Cell)로 명명하고 이 세포는 살아 있는 상태와 죽은 상태 중 하나의 상태를 가진다. 모든 격자의 세포는 인접한 8개의 세포의 상태에 따라 다음 세대에서 삶과 죽음이 결정된다. 다음 세대에서의 세포의 삶/죽음에 대한 상태 결정 규칙은 다음과 같다.

- 죽은 세포의 경우, 인접한 8개의 세포 중 3개가 살아 있으면 다음 세대에 살아난다.
- 살아 있는 세포의 경우, 인접한 8개의 세포 중 2개 또는 3개가 살아 있으면 다음 세대에서도 살아 있게 된다. 이외의 경우에는 인접한 살아 있는 셀이 너무 적거나 너무 많아서 다음 세대에는 죽게 된다.

'인생 게임'은 각 세포의 초기 값이 정해지면 다음 세대는 이 초기 값에 의해 상태가 결정된다. 그리고 세포의 상태를 살아 있는 경우를 검정으로 해당 격자 칸을 표시하고 죽은 경우를 흰색으로 해당 격자 칸을 표시하면 세대가 진행됨에 따라 특정 패턴이 나타난다.

고정패턴
변화가 없는 고정된 패턴(Still Life)

연습문제 제시된 패턴 다음에 나타날 수 있는 패턴을 그려보세요.

반복패턴
일정한 행동이 주기적으로 반복되는 패턴

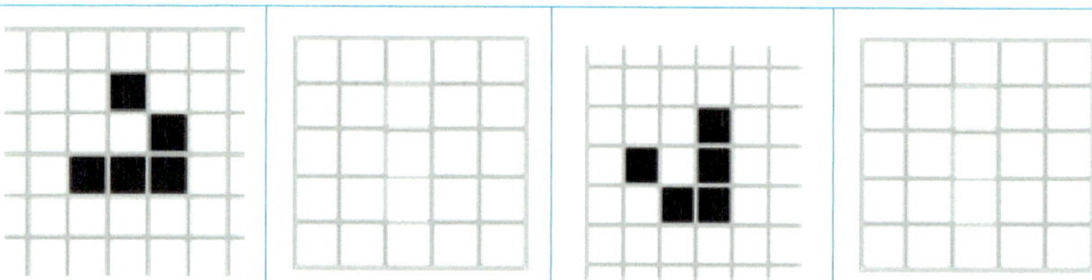

전진패턴
한 방향으로 이동하는 패턴

참여자는 '인생 게임'의 규칙을 이해하고 고정, 주기, 전진 패턴을 찾는 활동을 한다. 패턴이 발견되면 해당 패턴의 변화되는 모양을 기준으로 이름을 정하는 활동도 할 수 있다. 또한 '인생 게임' 규칙을 플로우 차트(Flow Chart)로 표현해 보고 전개 규칙을 수도코드(Pseudo Code)를 표현하여 알고리즘을 작성한다. 프로그래밍 활동과 연계하는 활동으로도 진행할 수 있으며 프로그래밍 하였을 때 생기는 문제점을 정리하고 어떻게 개선할지를 토론하는 활동도 코딩 스킬을 함양하는데 도움이 된다.

[그림 2] 컴퓨팅 사고력 키우기 1권~3권 학생용 교재

한국과학창의재단에서 해외 서적인『COMPUTE-IT COMPUTING FOR KS3 #1~#3』을 번역한『컴퓨팅 사고력 키우기 1~3의 학생용 교재(3권)와 교사용 지도서(3권)』는 흥미로운 이야기를 중심으로 컴퓨팅 사고 함양을 할 수 있도록 기술되어 있다. 해당 교재와 지도서는 소프트웨어 중심사회 홈페이지의 자료실[8]에서 무료로 다운로드 할 수 있다.

『컴퓨팅 사고력 키우기 1단계』에 소개된 주제 '소호 지역의 콜레라(p.22)'에서 1854년 런던 소호(Soho) 지역은 콜레라로 인한 발병 원인을 발병 지도, 사망자 수, 식수지 위치 등의 데이터를 근거로 사망 원인을 추정하는 사고 활동으로 실제 일어났던 사건을 통해 컴퓨팅 사고로 해결하는 과정을 담고 있다.『컴퓨팅 사고력 키우기 2단계』의 소개된 '정보 표현에서 무척추 동물을 이진트리로 표현하는 활동(p.26)', '정렬 알고리즘 비교를 통한 효율적 알고리즘의 의미 이해 활동(p.102)', '피보나치 수열(Fibonacci Number)과 황금 비율(Golden Ratio)의 이해 활동(p.148)'은 이야기를 통해 컴퓨팅 사고를 증진하는데 유용한 활동이다.

'컴퓨팅 사고'는 '정보 과학적 사고'와 비교하면 의미의 차이가 있다. '정보 과학적 사고'는 컴퓨터로 데이터를 표현하고 알고리즘을 설계하는데 연관된 사고이다. '정보 과학적 사고'는 컴퓨터를 통한 문제 해결에 좀 더 초점이 맞추어진 단어인 반면 '컴퓨팅 사고'는 컴퓨터를 통한 문제 해결보다 좀 더 개념적이면서 사고 자체에 초점이 맞추어진 단어이다. 학습자 입장에서는 이 두 단어 의미를 구분하는 노력을 굳이 할 필요 없이 혼용해서 사용해도 무방할 것으로 생각한다. CS Unplugged[9] 웹 사이트에 소개된 언플러그드 활동이나 '비브라스 챌린지(Bebras Challenge)'[10] 웹 사이트에 소개된 활동도 컴퓨팅 사고(또는 정보 과학적 사고)를 함양하는 데 도움이 된다.

참고문헌

1 출처 : 소프트웨어 교육 운영 지침, 교육부 발간, 2015.2.
2 https://www.cs.cmu.edu/~15110-s13/Wing06-ct.pdf
3 https://www.iste.org/explore/Solutions/Computational-thinking-for-all
4 https://computationalthinkingcourse.withgoogle.com/unit
5 https://www.bbc.co.uk/bitesize/guides/zp92mp3/revision/1
6 CT Vocabulary and Progression Chart, Computational Thinking Teacher's Resource 2nd Ed.
7 https://en.wikipedia.org/wiki/Conway's_Game_of_Life
8 http://software.kr 의 교육정보 → SW교실 → 학습/교육자료에서 pdf형태로 다운로드 가능
9 https://www.csunplugged.org/en/
10 https://www.bebras.org/

03 물리 : 기본단위의 재정의 [1]

이경화 아주대학교 다산학부대학 교수
아주대학교 과학영재교육원 중등물리융합 사사 지도교수

물리학은 물질 간의 상호작용과 그 상호작용으로 나타나는 현상을 연구하는 기초학문이다. 물리학을 연구하기 위해서 '측정(실험)'과 '수학적 모델링(이론)'의 두 가지 방법을 사용한다. 예를 들어 물체와 지구와의 상호작용으로 물체는 지표면에 떨어진다. 이때 우리는 물체의 위치, 속도 가속도를 측정하여 이 데이터를 가지고 실험식을 유도한다. 이 과정을 거쳐 나오는 이론식이 등가속도 운동식이다. 물체의 위치나 속력을 구하기 위해서는 표준화된 자가 있어야 한다. 1960년 국제 도량형국에서는 과학에서 사용하는 기본량에 대한 표준을 세웠는데 이를 'SI 단위계(The international System of Units, 국제단위계)'라고 부른다.

길이를 예로 들어보자. 1120년경 영국 왕이 길이의 표준으로 야드(yard)를 사용할 것과 1야드는 자신의 코끝에서 쭉 뻗은 팔의 손가락 끝까지 할 것을 선포하였다. 이와 비슷하게 1피트(feet)는 프랑스의 루이 14세의 발 길이를 나타냈다. 우리나라에도 조선 시대에 90알의 기장[秬黍]을 일렬로 늘어놓아 척도의 기준을 삼았다. 즉 기장 한 알의 폭을 1푼[分]이라고 하고 10푼을 1촌, 10촌을 1척(尺), 10척을 1장(丈), 10장을 1인(引)이라고 하였다고 한다. 부피도 기장 1,200알의 부피를 1약(龠)이라 하고 10약을 1홉[合], 10홉을 1되(升], 10되를 1 말[斗], 10 말을 1짝[斛]이라고 한다.[2]

[그림 1] 기장

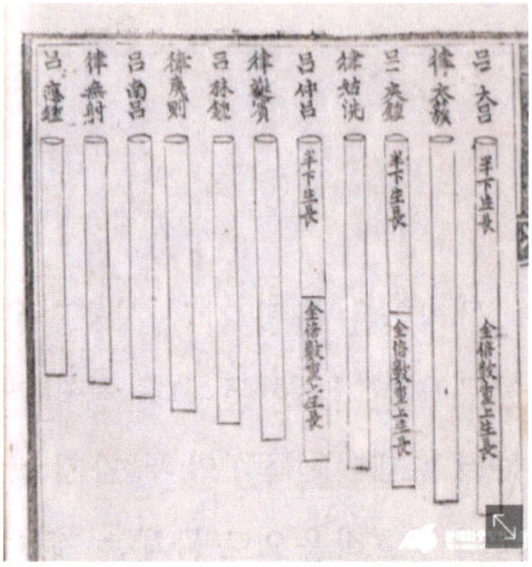

[그림 2] 조선왕조실록(세종실록)

이렇게 각 나라가 자체적으로 정한 눈금자로 측정하다가 서로 교류를 시작하면서, 여러 측정 단위들의 표준화가 절실히 필요하게 되었다. 1875년 5월 20일 세계 17개국이 프랑스 파리에서 미터 협약을 체결하였다. 길이와 질량의 단위를 미터 기반으로 제정한 것으로 우리나라는 1959년에 미터 협약에 가입했다. 처음 기본 단위를 만들었을 때는 '국제 미터원기'와 '국제 킬로그램원기'를 직접 만들었다. 백금과 이리듐의 합금으로 1m 길이의 자를 만들고, 지름 39mm, 높이 39mm의 원통의 질량을 1kg으로 정하여 사용하였다. 하지만 세월이 흐르며 발생한 물질의 변화로 단위 기준이 흔들리는 문제가 생겼다. 킬로그램 원기는 화학반응으로 인해 질량이 100년 사이에 50mcg(microgram)이 줄어들었다. 이러한 오차는 정밀 측정기술이 발달할수록 커다란 문제가 된다. 이에 시간은 1967년에 세슘-133 원자의 초미세 준위의 전이를 이용한 시간 단위로 채택되었다. 또한 1983년에 진공에서의 빛의 속력을 이용하여 길이(meter) 단위가 재정의되었다. 현재의 표준 길이 1미터는 진공 속에서 빛이 1/299,792,458초 동안 진행한 거리로 1983년 10월 정의되었다. 그러나 질량 원기는 20세기가 다 지나도록 재정의되지 않았다.

현재 기본 단위계는 'SI 단위계(The international System of Units, 국제단위계)'로 미터법을 기준으로 1960년 제11차 국제 도량형 총회에서 국제 표준으로 채택되었다. 현재 몇 나라를 제외한 대부분의 국가에서 법정 단위로 채택하고 있다. SI 단위계는 초(s)는 시간을, 킬로그램(kg)은 질량을, 암페어(A)는 전류를, 켈빈(K)는 온도, 몰(mol)은 물질의 양, 칸델라(cd)는 광도를 측정하는 기본 단위로 구성되어 있다. SI 단위계의 목표는 공간과 시간의 제약 없이 불변의 기준이 되는 것이다. 그러나 킬로그램(질량), 암페어(전류), 켈빈(온도), 몰(물질의 양) 등은 불안정하여 재정의 필요성이 제기되곤 하였다. 예를 들어 킬로그램(kg)은 프랑스 국제 도량형국에 보관되어 있는 백금 90% 이리듐 10% 합금 원기의 질량으로 1887년에 설정되었는데, 지름 39mm, 높이 39mm인 원통의 질량이다.

[그림 3] kg 원기 : 한국표준과학연구원 보유(국제교유번호 No.72)[3]

측정의 정확도와 정밀성에 대해 잘 알 수 있는 물리학계의 사건이 하나 있었다. 2011년 9월 22일 유럽의 물리학자들이 빛보다 빠른 입자 – 뮤온 뉴트리노를 발견했다는 실험 결과(오페라 실험: Oscillation Project with Emulsion– tRacking Apparatus experiment)를 발표했다.[4] 유럽 핵물리연구소인 CERN(Organisation Européenne pour la Recherche Nucléaire)에서 출발한 뮤온 뉴트리노 입자가 약 731km 떨어진 이탈리아의 그랑사소 국립연구소(LNGS, Laboratori Nazionali del Gran Sasso)의 검출기에서 발견되었을 때의 시간 간격을 측정한 결과 뮤온 뉴트리노 입자는 빛보다 빠른 속력으로 달린 것으로 나타났다. 그 시간 차이는 60나노세컨드(60×10^{-9}s) 이었다. 아주 작은 차이지만 시간 차이는 확실했고, 빛보다 빠른 입자가 있을 수 있다는 사실에 많은 학자들이 관심을 가지기도, 이를 의심하는 학자들도 많이 있었다. 결국 이 일은 하나의 해프닝으로 끝나고 말았는데 이러한 시간 차이가 나게 된 이유가 정말 어처구니없게도 실험 장비의 광케이블의 나사가 완전히 조여지지 않고 약간 느슨하게 조여져 있어 이것으로 인해 시간 딜레이가 생기게 되었다. 또한 시간을 측정하는 시계 장치 중 일부가 약간 더 빠르게 시간을 측정하고 있다는 문제도 있었다. 따라서 이러한 결과들로 인해 뉴트리노가 빛보다 더 빠르게 움직인 것으로 생각한 것이다. 아주 작은 시간 차이지만 이 차이가 엄청난 결과를 가져올 수가 있는 것이다.

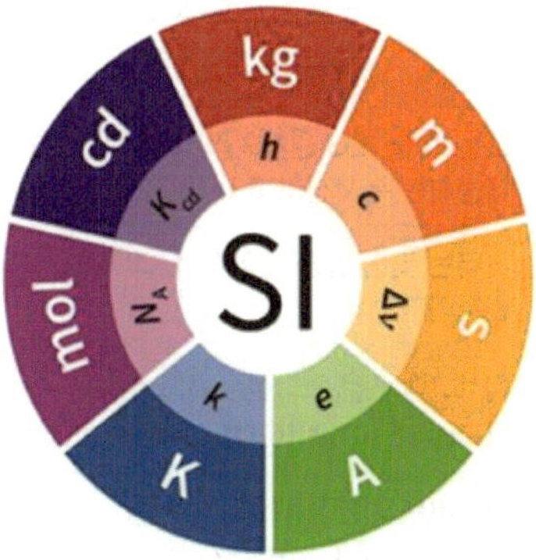

[그림 4] SI Illustration (BIPM 제공)[5]

물리량의 단위계의 불변의 기준을 새로 세울 필요성이 강조되어, 2018년 11월 16일 프랑스 베르사이유에서 개최된 제26회 국제도량형총회(CGPM)에 참여한 정회원국의 만장일치 찬성으로 2019년 5월 20일(세계 측정의 날) 0시부터 국제단위계(SI)의 7개 기본 단위 중 4개 단위의 개정된 정의가 공식적으로 시행되었다. 세계 측정의 날은 1875년 5월 20일 세계 17개국이 프랑스 파리에서 미터협약을 체결한 것을 기념하여 지정되었다.

기본 단위는 다른 단위의 기준이 되는 중요한 기준이다. 기본 단위의 재정의는 시간이 흐르며 나타나는 미세한 오차를 막기 위해서이나, 현재 사용하는 단위의 값과 거의 일치하도록 바꿨기 때문에 단위가 바뀐다고 일상생활이 바뀌는 일은 없을 것이다. 그러나 미세한 측정이 필요한 바이오산업이나 전자소자 등 같은 정밀 산업의 정확도가 더욱 높아질 것이다.

[표 1] 새로 정의된 기본 물리량을 포함한 SI 단위계의 정의[6]

물리량	단위(기호)	정의
시간	초(s)	초는 세슘-133 원자의 바닥상태에 있는 두 초미세준위 간의 전이에 대응하는 복사선의 9 192 631 770 주기의 지속 시간이다.
길이	미터(m)	미터는 빛이 진공 중에서 1/299 792 458초 동안 진행한 경로의 길이이다.
질량	킬로그램(kg)	킬로그램은 플랑크 상수 h의 수치를 $\mathrm{kg\,m^2\,s^{-1}}$ 과 동일한 J s 단위로 나타낼 때, $6.62607015 \times 10^{-34}$ 으로 고정함으로써 정의된다.
전류	암페어(A)	암페어는 기본전하 e의 수치를 s A와 동일한 C 단위로 나타낼 때, $1.602\,176\,634 \times 10^{-19}$으로 고정함으로써 정의된다.
온도	켈빈(K)	켈빈은 볼츠만 상수 k 의 수치를 $\mathrm{kg\,m^2\,s^{-2}\,K^{-1}}$과 동일한 $\mathrm{J\,K^{-1}}$단위로 나타낼 때, $1.380\,649 \times 10^{-23}$으로 고정함으로써 정의된다.
물질의 양	몰(mol)	몰은 물질의 양을 나타내는 SI 단위이다. 1 몰은 $6.022\,140\,76 \times 10^{23}$ 개의 구성요소를 나타낸다. 이 숫자는 아보가드로 상수 N_A를 $\mathrm{mol^{-1}}$ 단위로 나타낼 때 정해지는 수치로서 아보가드로 수라고 부른다. 어떤 계의 물질의 양(기호 : n)은 명시된 특정 구성요소들의 수를 나타내는 척도이다. 특정 구성요소들이란 원자, 분자, 이온, 전자, 그 외의 입자 또는 그런 입자들의 특정한 집합체가 될 수 있다.
광도	칸델라(Cd)	칸델라는 진동수 540×10^{12} Hz인 단색광을 방출하는 광원의 복사도가 어떤 주어진 방향으로 매 스테라디안 당 1/683 와트일 때 이 방향에 대한 광도이다.

위 도표는 기본 물리량의 SI 단위계의 정의이다. 이번에 바뀐 물리량은 킬로그램(질량), 암페어(전류), 켈빈(온도), 몰(물질의 양)이고, 시간, 길이 광도는 변하지 않았다. 재정의 된 내용을 살펴보면 모두 기본 상수를 기반으로 정의되었으며 시간이 지나도 변하지 않는다. 1875년 처음 단위계의 통일을 논의한 이후 144년 후에 다시 모든 기본 단위가 불변의 속성을 가지게 되었다.

참고문헌

1 https://blog.naver.com/krisspr/221539702243 (기본단위 재정의)
2 http://encykorea.aks.ac.kr/Contents/Item/E0042739 (율관)
3 https://www.kriss.re.kr/gallery.es?mid=a10505000000&bid=0018&list_no=1234&act=view (질량원기 그림)
4 https://m.post.naver.com/viewer/postView.nhn?volumeNo=22722095&memberNo=3 0 808 112 (오페라 실험)
5 http://www.bipm.org/en/si-download-area/graphics-files.html (SI로고)
6 https://www.kriss.re.kr/menu.es?mid=a10302030000

04 생물 : 생명은 답을 알고 있다!
- 생체모방(Biomimetics)에 관해

이영만 아주대학교 다산학부대학 교수
아주대학교 과학영재교육원 중등생물융합 사사 지도교수

지구상에는 수없이 많은 생명체 종들이 살아왔고 살고 있다. 과학자들은 이 많은 생물들을 DNA 염기서열과 여러 유사성을 기준으로 크게는 3개의 영역으로 분류하고 있다. 인간은 진핵생물 영역에 속하며 이 중 동물계에 속한다. 그림에 보이는 '프레리 독(Prairie dog)'(그림 1-1)는 어느 영역, 어느 계에 속할까? 인간과 같은 진핵생물 영역, 동물계에 속한다는 것을 쉽게 알 것이다. 프레리 독은 북아메리카 초원에서 땅속에 수많은 굴들을 파서 무리 지어 사는 설치류이다. 이들의 굴은 아무렇게나 지어지는 것이 아니고, 생존을 위한 최적의 형태로 지어졌을 것이다. 즉, 굴의 두 입구 중에서 한쪽이 다른 쪽보다 높은데, 이에는 '베르누이 원리' 법칙이 숨어있다고 한다. 높은 쪽 입구를 스치는 바람의 속도가 낮은 쪽 입구보다 더 빠르고 따라서 압력은 더 낮다. 높이가 낮은 입구 쪽은 공기 흐름이 느려서 압력이 높으니, 공기는 높이가 낮은 입구에서 굴을 통과하여 높은 쪽 입구 쪽으로 흘러간다(그림 1-2). 그렇게 되면 산소공급이 잘 될 뿐만 아니라, 굴 속에 있는 프레리 독이 외부의 냄새를 맡을 수 있는 장점이 있다. 재미있는 것은 이를 적용시켜 바람이 잘 통하도록 만든 방갈로 건물이 있다는 것이다(그림 1-3).

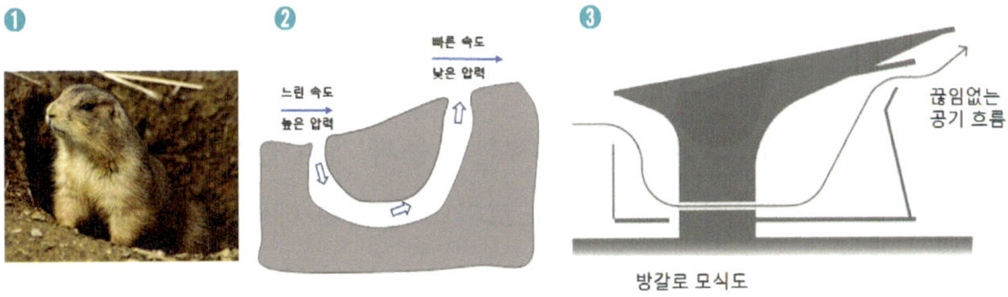

[그림 1] 프레리 독[1]과 굴, 이를 모방한 방갈로

이렇게 자연을 모방하는 것을 생체모방(Biomimetics, Biomimicry)이라 한다. 생물과 공학 간에 관련이 있다는 것을 설명할 때 사용하는 용어 중, 생체모사(Bioinspiration)는 공학적 해결책을 찾기 위해 자연에서 영감을 얻는 것이고, 생체모방은 일정한 방식으로 자연을 모방하는 것을 뜻한다.[2] 두 용어는 거의 같은 의미로 쓰이는데, 생체모방은 말 그대로 생명체가 가지고 있는 특성을 연구하여 인간이 이용하고자 하는 분야이다.

생명체는 상상하기 힘들만큼 오랜 세월 동안 자연선택에 의해 환경에 적응해 왔기 때문에 모든 것에 대한 해결책을 가진 것처럼 보인다. 자연에는 공학적으로 설명하기 어려운 구조나 재료, 기능을 가진 생물이 많이 존재한다. 자연에서는 수십억 년 진화 과정이 진행되어 매우 효율적이지만, 인간의 과학기술은 상대적으로 매우 짧은 기간 발전시킨 현대적인 접근법을 사용한다. 생체모방 기술은 생명과학과 공학적 개발 등 모든 과학기술을 융합하는 분야이다.

생체모방의 예는 이미 매우 많은 사례가 알려졌지만, 아마도 대표적인 것은 '벨크로'(접착 천, 일명 찍찍이)의 개발일 것이다. 스위스의 기술자인 메스트랄(George de Mestral)이 1941년에 사냥개와 숲에 갔다 온 뒤 벨크로 테이프를 개발했다고 한다. 사냥개를 쫓아 숲 속에 들어갔다 나오니, 도꼬마리 열매가 자신의 옷과 개의 털에 붙어 잘 떨어지지 않았고, 왜 그런지 궁금하여 도꼬마리 열매를 떼어내어 확대경으로 관찰하였다. 결국, 메스트랄은 이 갈고리 모양의 구조를 모방하여 벨크로 테이프를 만들었다고 하는 유명한 이야기가 전해진다(그림 2). 메스트랄이 그냥 짜증만 부리고 관찰할 생각을 하지 않았다면 이런 훌륭한 성과를 내지 못했을 것이다.

[그림 2] 도꼬마리와 벨크로[3]

생체모방은 디자인, 농업, 의약, 재료공학, 인공지능, 건축학 등 많은 분야에 이용되고 있다. 몇 가지 분야에서 사례를 하나씩 더 살펴보자.

❶ 에너지 – 혹등고래로부터 효율적인 풍력발전을 배우다!

혹등고래(그림 3)는 몸무게가 최대 35톤에 달하지만 가장 멋지게 헤엄치는 동물 중 하나이다. 재빠르게 헤엄치며 먹이를 사냥할 수 있는 이유를 찾아보았더니, 가슴지느러미 가장자리의 독특한 작은 돌기들

(Tubercles) 때문인 것으로 밝혀졌다. 모델을 만들어 테스트해 본 결과 이 돌기가 있는 경우 물체가 수직으로 들어 올려지는 힘은 증가하고, 저항력은 감소한다는 사실을 알게 되었다. 결국, 이를 풍력 터빈 설계에 적용하여 효율을 높이고 있으며, 한국의 한 기업에서는 혹등고래 돌기와 조개 표면의 홈 구조를 모방하여 소음이 적고 에너지 효율이 더 높은 에어컨 팬을 개발한 바 있다.

[그림 3] 혹등고래[4]

❷ 교통 – 물총새를 보고 깨우치다!

일본의 신칸센 고속열차는 시속 300㎞에 가까운 속력으로 달리지만 소리가 너무 크게 난다는 한 가지 문제가 있었다. 터널로 들어설 때마다 공기압력의 변화 때문에 우레와 같은 소음이 난다. 이 문제를 해결하기 위해 엔지니어인 에이지 나카수(Eiji Nakatsu)는 자연계에서 다른 두 매체 사이를 빠르고 부드럽게 이동하는 무언가를 찾으려 했다. 공기 중에서 물속으로 빠르게 다이빙하지만 거의 물보라 없이 물고기를 낚아

채는 물총새를 모방하였다(그림 4). 기차 앞부분을 물총새 부리모양과 유사하게 디자인하여 더 조용하고 뛰어난 전기효율을 높이며 더 빠른 속도로 열차를 운행할 수 있게 되었다.

[그림 4] 물총새와 신칸센 열차[5]

❸ 로봇 – 만능 재주꾼인 바퀴벌레를 따라하다!

로봇 공학 연구에도 생체모방 기술은 사용되고 있다. 곤충이나 네발 짐승의 동물 운동 메커니즘 등이 모방되고 있으며, 1998년 바퀴벌레 다리의 메커니즘을 연구하여 구르는 바퀴 대신에 로봇 다리를 가진 RHex(그림 5) 개발이 시작되었다. 바퀴벌레 로봇은 최근에도 러시아, 미국 등에서 활발히 연구되고 있다. 바퀴벌레는 다른 곤충보다 빠른 편이며 껍질은 충격을 잘 흡수하고 심지어 몸높이를 절반으로 낮출 수도 있다. 바퀴벌레를 흉내 낸 로봇은 어려운 지형과 좁은 공간에서도 재빠르게 이동할 수 있어서 재난 지역에서 생존자들을 찾는데 사용할 수 있을 것으로 기대하고 있다.

[그림 5] 바퀴벌레를 흉내낸 로봇, RHex[6]

❹ 인공 신경망(Artificial Neural Network, ANN)

인공 신경망은 뇌의 뉴런과 시냅스에서 영감을 얻은 학습 알고리즘이다. 이세돌과 바둑대결을 펼친 알파고의 기반이 되기도 하였다. 인간의 뇌는 뉴런(Neuron)이라는 신경세포(그림 6)로 이루어져 있으며, 각 뉴런은 시냅스(Synapse)라고 불리는 연결부위를 통해 수많은 다른 뉴런들과 연결되어 있다. 뉴런은 수상돌기(Dendrite)를 통해서 다른 뉴런들로부터 신호를 받아들이며, 축삭(Axon)을 통해 자신의 신호를 다시 그 다음 뉴런에 전달한다. 인공 신경망에서 기본단위는 뇌의 뉴런처럼 인공 뉴런이다. 각각의 뉴런들을 서로 연결시켜서 여러 층(Layer)을 만들고 이들 층과 층 사이의 연결 강도를 조절하면서 학습을 한다. 입력층은 중간층을 거쳐 출력되는데, 출력 값이 올바른 값이면 연결망에 점수(가중치)를 더 주는 방식이다. 뇌에서 어떤 시냅스가 많이 사용되면 시냅스 연결이 더 강해지고, 거꾸로 사용되지 않으면 약해지는 것과 같은 원리다.

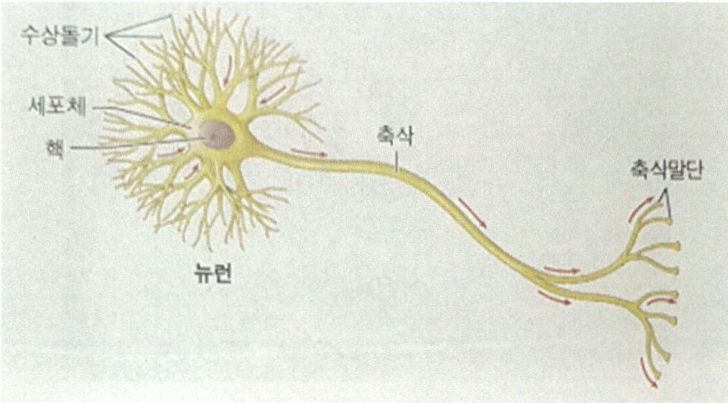

[그림 6] 뉴런(신경 세포)

이 외에도 모기의 침을 모방한 무통 주삿바늘, 비에 젖지 않는 연잎의 소수성 표면 구조를 모방한 섬유나 페인트, 세찬 파도에도 쓸려가지 않는 홍합의 접착단백질을 이용한 생체접착제, 소금쟁이를 흉내 낸 물 위를 걷는 로봇 등, 일일이 나열하기 힘들 정도로 많은 사례들이 있다.

날기 위해 새처럼 날개를 사용하는 대신, 엔진이 달린 비행기를 따로 개발한 것과 같이 생체모방이 항상 인간의 기술보다 더 좋은 해답을 제시하는 것은 아니다. 그래도 아직 밝혀지지 않는 생물 종과 그들의 능력은 거의 무한정 여러분 앞에 남아있을 것이다. 이제 더욱 기발하고 멋진 디자인과 기술로 새로운 사례를 만들어보자.

* 본 내용은 '생명과학, 기초와 응용'(박상규, 이영만 외 2인 편저, 라이프 사이언스, 2018)에서 발췌, 수정하였습니다.

참고문헌

1 출처 : 위키미디어
2 로버트 앨런, 바이오미메틱스, 2011
3 출처 : 위키미디어
4 출처 : https://pixhere.com
5 출처 : https://pixhere.com
6 출처 : 위키미디어

미래사회를 선도할 꿈나무들을 위한
과학 Curious Mind Letter (CML)

2호

과학의 경계와 현대사회

1. 수학 : 무한
2. 정보 : 인공지능, 너 이거 할 수 있어?
3. 물리 : 물리학의 미해결 문제
4. 화학 : 의약품과 합성화학물질
5. 생물 : 코로나 19에 관한 19가지 질문

01 수학 : 무한

황택규 아주대학교 기초과학연구소 연구교수
아주대학교 과학영재교육원 중등수학융합 사사반 지도교수

"처음에는 사람이 술을 마신다. 시간이 지나면 술이 술을 마신다. 결국에는 술이 사람을 마시게 된다."

– 법화경(法華經)에서 발췌

필자가 어렸을 때 어른들에게 들었던 문구다. 절제되지 않은 음주의 위험성을 강조하기 위해, 행동의 주체와 대상이 바뀌는 과정을 서술하고 있다.

상황은 다르지만, 필자는 수학에 대해서 비슷한 이야기를 하고 싶다. 처음에는 자연을 관찰하며 발견한 사실로부터 수학 개념이 발전해 나간다. 시간이 지나면서 수학적 사실이 쌓이게 되면, 외부와 관계없이 수학만을 연구하더라도 새로운 수학이 나오게 된다. 결국에는 현실과는 전혀 상관없어 보이는 수학 이론이 자연법칙을 설명하게 된다.

"수학이 무엇인가"라는 질문에 답하기란 어렵다. 수학적 대상이란 사람이 생각해낸 것인가, 아니면 이미 존재하는 것을 단순히 발견한 것일 뿐인가. 이에 대해 많은 논란이 있지만, 필자는 전자에 조금 더 마음이 기울어진다.

단어의 뜻만 살펴보면 수학은 수에 대한 학문이다. 우리는 일상생활에서 수를 아주 자연스럽게 사용하고 있다. 물건을 사고팔 때 돈 계산을 하고, 달력과 시계를 보면서 앞으로의 계획을 세운다. 하지만 수가 어디에 있는지 우리 주변에서 막상 찾아보려 하면, 그 어디에도 보이지 않는다는 것을 알아차리게 된다. 독자 여러분은 이 주장에 동의하는가?

시계의 시침과 분침이 '12'를 가리키는 것을 보면서 점심시간이 되었다는 것을 알게 되지만, 시계에 그려져 있는 '12'와 수 12는 분명히 다르다. 시계 위에 그려진 '12'는 단지 우리가 12라는 수를 나타내기 위해 도입한 기호일 뿐이다. 바구니에 담겨있는 사과 다섯 개를 보면서 수 5를 떠올리지만, 사과 다섯 개와 수 5가 같다고 할 수 없다. 이런 관점에서 본다면 수는 자연에 존재하는 것이 아니라 자연을 관찰함으로써 얻어진 추상적인 개념이라고 할 수 있다.

이 글의 목적은 수학에 나타나는 무한이라는 개념의 성질 중 일부를 소개하는 것이다. 무한은 자연을 관찰하면서 얻어진 개념일까, 아니면 수학 자체를 연구하다가 생겨난 개념일까. 필자의 의견은 "애매해서 잘 모르겠다"이다. 끝없이 펼쳐지는 지평선을 바라보거나, 해가 뜨는 것과 같이 매일 반복되는 현상을 보면서 무한에 대한 개념을 떠올릴 수 있을 것이다. 하지만 곰곰이 생각해보면, 어떠한 경우라도 우리 인간이 무한한 양을 관측할 수는 없다는 것을 알 수 있다. 아무리 좋은 시력을 가지고 있어도 볼 수 있는 거리에는 한계가 있고, 그 누구도 영원히 살 수는 없다. 현대 과학이론에 따르면 태양의 수명도 무한하지 않다. 그렇다면 무한이라는 개념은 인류가 생각을 거듭하다 만들어 낸 개념이라고도 할 수 있지 않을까?

❶ 순환소수

분수 1/3을 소수로 표현해보자. 10을 3으로 나누면 몫이 3, 나머지가 1이 된다. 다음 자릿수로 넘어가도 같은 상황이 반복되므로 1/3은 0.3333...과 같이 3이 반복해서 나오는 소수가 된다. 이렇게 특정 숫자가 반복해서 나오는 소수를 순환소수라고 부르고, 반복되는 부분 위에 점을 찍어 $0.\dot{3}$과 같이 표기한다. 여기에 3을 곱하면 소수점 이하 모든 숫자가 9가 되므로 순환소수 $0.\dot{9} = 0.9999...$가 얻어진다. 1/3에 3을 곱하면 1이 되므로 $1 = 0.\dot{9}$ 라는 결론을 얻게 된다.

이 등식에 확신을 못 가지고 의문을 표할 수 있다. 그래도 1이 $0.\dot{9}$보다 아주 조금이라도 큰 것이 아닐까? 위의 등식을 얻는 과정에 무엇인가 잘못이 있는 것이 아닐까? 결론부터 말하자면 $1 = 0.\dot{9}$ 라는 등식은 참이다. 위 등식을 얻는 논리에는 어떠한 문제도 없으며, 1과 $0.\dot{9}$는 한 치의 오차도 없이 정확하게 같다.

아직 이에 대해 의심을 거두지 않는 독자가 있을 것이다. 1에서 $0.\dot{9}$를 빼면, 0.0000...이 나오다가 마지막에 1이 나오지 않는가? 그렇지 않다. 소수점 뒤의 0은 무한히 많이 반복되기 때문에 '마지막'이라는 이야기 자체를 할 수가 없다. 계속되는 0을 바라보면서 언젠가는 1이 나올 것이라는 기대를 해 보지만 그 순간은 영원히 오지 않는다. 여러분이 수천억 년을 살 수 있다 하더라도, 태양이나 지구의 수명이 다하는 날까지 기다려 보아도 1이 나오는 일은 없다.

이러한 혼란은 우리 인간이 무한이라는 개념에 익숙하지 않아서 생기는 것이다.

❷ 확률

미래의 일을 정확하게 예측하는 것은 매우 어려운 일이다. 어쩌면 기술이 아무리 발전하더라도 영원히 불가능할지도 모른다. 일기예보에서 "내일 비가 올 확률이 60퍼센트이다" 등의 이야기를 들어본 경험이 있을 것이다. 비가 올지 오지 않을지 정확히 알 수는 없지만, 그래도 비가 올 가능성이 더 크다고 예측한다는 이야기이다.

수학적 확률 계산의 예를 살펴보자. 주사위를 던졌을 때 짝수가 나올 확률은 얼마인가? 나올 수 있는 수는 1부터 6까지 여섯 개가 있다. 그중 짝수는 2, 4, 6 모두 세 개가 있다. 그리고 주사위가 불량품이 아니라면, 특정 수가 다른 수보다 자주 나오거나 덜 나올 이유가 없을 것이다. 따라서 짝수가 나올 확률은 전체 여섯 중 셋에 해당하는 것이므로 3/6 = 1/2이 된다.

이제 다음을 생각해보자. 0과 2 사이의 수 하나를 골랐을 때, 그것이 1일 확률은 얼마인가? 우선 0과 2 사이에서 수 하나를 고르는 경우의 수는 무한히 많다는 것을 쉽게 확인할 수 있을 것이다. 일의 자리는 0 또는 1 두 경우밖에 없지만, 소수점 아래로 무한히 많은 숫자가 나올 수 있기 때문이다. 무한히 많은 수 중에서 정확히 1이 골라져야 하므로 그 확률은 0이 된다.

확률이 0이라는 것은 어떤 의미인가? 그런 일은 절대로 일어나지 않는다는 뜻이다. 여기서 많은 독자가 의문을 가질 것이다. 0과 2 사이에서 수 하나를 고르는데, 우연히 운이 좋아서 1이 골라질 가능성도 있지 않은가? 어째서 그런 일이 절대로 일어날 수 없다고 하는 것일까?

그 이유는 다음과 같다. 어떤 수가 1이 되려면 다음 조건을 만족해야 한다. 일의 자리는 1, 소수점 첫 번째 자리는 0, 소수점 두 번째 자리도 0, 소수점 세 번째 자리도 0, 이렇게 계속해서 0이 나와야 한다. 순환소수 부분을 열심히 읽은 독자라면 다음과 같이 질문할 것이다. 일의 자리는 0, 소수점 첫 번째 자리는 9, 소수점 두 번째 자리도 9, 이렇게 계속해서 9가 나와도 1이 되는 것 아닌가? 그렇다. 수 1을 소수로 나타내는 방법은 $1.\dot{0} = 1.0000\cdots$ 그리고 $0.\dot{9} = 0.9999\cdots$ 이렇게 정확히 두 가지가 있다. 그렇다 하더라도 소수점 이하로 계속 같은 숫자가 무한히 반복되어야 한다는 조건을 만족해야 하므로 이런 일은 절대로 일어날 수 없다.

아직 이유가 납득되지 않는다면 다음과 같은 상황을 생각해보자. 전지전능한 신이 독자 여러분과 가위바위보를 하자고 제안하면서, 만약 여러분이 승리한다면 어떤 소원이라도 들어준다고 했다고 가정해보자. 대신 다음과 같은 조건이 붙어있다. 먼저, 신이 이기거나 무승부가 나오면 게임은 여러분의 패배로 바로 끝난다. 그리고 여러분이 이기는 경우에는 가위바위보를 다시 한 번 해야 한다. 여기서 신이 이기거나 무승부가 나오면 역시 여러분의 패배다. 그리고 여러분이 또 이기는 경우에는 다시 가위바위보를 해야 한다. 이러한 과정이 무한히 반복된다. 과연 여러분이 신에게 이기는 것이 가능할까? 여러분이 한 번이라도 지거나 비기면 여러분의 패배다. 반면, 신은 지더라도 가위바위보를 계속하게 된다. 그리고 이 행위는 여러분이 질 때까지 영원히 끝나지 않는다. 신은 얄밉게도 자신이 몇 번이나 졌는지에 상관없이 지금까지의 결과를 완전히 무시해버리고, 자신이 이길 때까지 계속하여 "한 판 더"를 외칠 것이다.

이제 왜 여러분이 고른 수가 절대로 1이 될 수 없는지 받아들일 수 있을 것이다. 운이 좋아서 일의 자리가 1, 그리고 소수점 첫 번째 자리부터 만 번째 자리까지도 모두 0일 수 있다. 하지만 그다음 자릿수가 0이 되는지를 계속해서 확인해야 한다. 여러분의 일생을 이 작업에 바쳐 그때까지 모두 0임을 확인했다 하더라도, 앞으로 무한히 많은 자릿수를 확인해야 하며 이 작업은 영원히 끝나지 않는다.

❸ 무한의 크기 비교

유리수란 분자와 분모가 모두 정수인 분수 꼴로 표현할 수 있는 수를 뜻한다. 그렇게 표현할 수 없는 수는 무리수라고 하는데, 대표적인 예로 원의 둘레와 지름의 길이의 비를 계산한 원주율 $\pi = 3.141592...$가 있다. 유리수가 무한히 많이 있다는 것은 쉽게 확인할 수 있을 것이다. 무리수도 무한히 많이 있을 수밖에 없는데 무리수에 유리수를 더하면 항상 무리수가 되기 때문이다.

수학에서 특정 조건을 만족한 대상들을 모아놓은 것을 집합이라고 하고, 그러한 대상들을 해당 집합의 원소라고 부른다. 예를 들어, 유리수의 집합을 A, 무리수의 집합을 B라고 표기한다면 1/2은 A의 원소, π는 B의 원소가 된다. A나 B처럼 원소의 개수가 무한히 많은 집합을 무한집합이라고 한다. 무한집합 두 개가 주어졌을 때, 둘 중 어느 집합이 더 많은 원소를 가질지 따져보는 것이 의미가 있을까?

집합이 하나 주어졌을 때, 그 집합의 원소를 아무렇게나 하나씩 뽑아서 순서를 매겨보도록 하자. 예를 들어 영어 알파벳의 집합을 생각하면, 알파벳 하나마다 1부터 시작하여 자연수가 하나씩 대응될 것이고 마지막으로 뽑은 알파벳에 숫자 26이 대응될 것이다. 그런데 무한집합에서 똑같은 작업을 한다면, 백만이든 십억이든 아무리 큰 자연수를 가져오더라도 이에 대응하는 원소를 뽑을 수가 있다. 즉, 무한집합이라면 적어도 자연수의 집합만큼의 크기는 가지고 있다는 사실을 알 수 있다.

그렇다면 자연수의 집합보다 더 큰 집합에는 어떤 것들이 있을까? 정수의 집합은 자연수를 모두 포함하며 추가적으로 0과 음의 정수를 원소로 가지고 있으므로 더 크다고 할 수 있지 않을까? 그런데 잘 생각해보면, 각 정수에 하나씩 자연수를 대응시키는 방법이 있다. 0에서 시작하여 1, −1, 2, −2, ...와 같이 절댓값이 증가하는 방식으로 양수와 음수를 번갈아 가며 순서를 매길 수 있다. 즉, 0은 자연수 1에 해당하고 양수 n은 자연수 2n, 그리고 음수 −n은 자연수 2n+1에 해당하도록 대응을 시킨다. 모든 정수가 자연수와 하나씩 짝지어질 수 있으므로, 실제로는 정수 집합의 크기가 자연수 집합의 크기와 같다고 보아야 한다.

위 내용을 잘 살펴보면 다음과 같은 방법으로 진행한다는 것을 알 수 있다. 정수의 집합 A는 양의 정수의 집합 X, 음의 정수의 집합 Y, 그리고 원소가 0 하나뿐인 집합 Z 세 개로 나누어진다는 사실에 주목하자. 집합 X나 Y의 경우 절댓값을 생각함으로써 자연스럽게 순서를 매길 수 있고, 집합 Z는 원소가 하나뿐이므로 그냥 1을 대응시키면 된다. 이제 집합 A의 원소에 순서를 매길 때, Z의 원소를 먼저 뽑고 그 이후는 X와 Y에서 번갈아 가며 원소를 하나씩 뽑는다. 따라서 어떤 집합의 원소에 순서를 매기고 싶은 경우, 그 집합을 여러 개의 작은 집합으로 먼저 쪼갠 다음 그 각각의 집합에서 순서를 매기기만 하면 된다는 사실을 알 수 있다.

정수의 집합과 자연수의 집합의 크기가 같다면 유리수의 집합 A는 어떨까? 결론부터 말하자면 마찬가지로 자연수의 집합과 크기가 같게 된다. 정수 두 개를 이용하여 유리수를 나타낼 수 있으므로, 집합 A의 크기는 정수 순서쌍의 크기보다는 작거나 같다. 이제 우리는 정수 순서쌍에 순서를 매겨서, 그 집합의 크기가 자연수의 집합의 크기와 같다는 사실을 보일 것이다. 앞 문단의 방법을 사용하기 위해 정수 순서쌍의 집합을 작게 쪼개자. 양수, 음수, 0 이렇게 세 가지로 나누는 과정을 두 개의 정수에 대해 해야 하므로 3 × 3 = 9개의 집합으로 쪼개진다. 그중 하나인 자연수 순서쌍의 집합을 생각하자.

$$(1,1),\ \ (1,2),(2,1),\ \ (1,3),(2,2),(3,1),\ \ (1,4),(2,3),(3,2),(4,1),\ \ \dots$$

위와 같이 두 수의 합이 증가하는 방식으로 순서를 매길 수 있다. 나머지 여덟 개의 집합도 마찬가지 방법으로 순서를 매길 수 있으므로, 정수 순서쌍과 자연수가 하나씩 대응된다는 사실을 알 수 있다.

지금까지 살펴본 집합들은, 원소에 순서를 매길 수 있으므로, 모두 자연수의 집합과 크기가 같았다. 그런데 놀랍게도 무리수의 집합에는 순서를 매길 수 없다는 사실이 알려져 있다. 다시 말하면, 무리수와 자연수를 하나씩 대응시키려 온갖 방식으로 시도해 보아도, 어떠한 자연수와도 대응되지 않는 무리수가 적어도 하나 존재한다는 뜻이다.

결국, 유리수와 무리수의 개수를 비교하면 무리수가 훨씬 더 많다는 것이다. 이처럼 믿기 어려운 사실을 처음 밝혀낸 사람은 19세기 독일 수학자 칸토르(Cantor)이다. 당시에는 너무 충격적인 내용이어서인지 다른 수학자들에게 많은 공격을 받았고, 말년에는 우울증으로 정신병원에 여러 번 입원하기까지 했다고 한다.

❹ 칸토르의 대각선논법

이제 왜 무리수의 집합에는 순서를 매길 수 없는지 알아보자. 유리수의 집합에는 순서를 매길 수 있다는 것을 알고 있다. 수는 유리수 아니면 무리수이므로, 무리수의 집합에 순서를 매길 수 있다고 가정하면 수 전체의 집합에도 순서를 매길 수 있게 되는데, 이러한 가정으로부터 어떠한 모순이 생기는지 살펴보면 된다.

수 전체의 집합에 순서를 매긴 다음 순서대로 하나씩 뽑아보자. 첫 번째 수가 0과 1 사이에 있다면 그 수를 x_1이라고 표시한다. 만약 0과 1 사이에 있지 않다면 그 수를 버리고 두 번째 수를 생각한다. 마찬가지로 0과 1 사이에 있다면 그 수를 x_1이라고 표시하며, 아니라면 버리고 세 번째 수를 생각한다. 시간은 걸릴지 몰라도 언젠가는 0과 1 사이의 수 x_1이 정해질 것이다. 이 과정을 계속 반복하면 x_2, x_3, 계속하여 임의의 자연수 n에 대하여 x_n이 정해진다.

이제 x_n을 소수로 표현하고 나서, 다음과 같이 순서대로 위에서 아래로 늘어놓는다.

$$x_1 = 0.x_{11}x_{12}x_{13}x_{14}\cdots,$$
$$x_2 = 0.x_{21}x_{22}x_{23}x_{24}\cdots,$$
$$x_3 = 0.x_{31}x_{32}x_{33}x_{34}\cdots,$$
$$x_4 = 0.x_{41}x_{42}x_{43}x_{44}\cdots,$$
$$\vdots$$

우리의 가정에 따르면 0과 1 사이의 모든 수가 위의 목록에 나타나야 한다. 우리는 이 목록에 없는 수 x를 찾아냄으로써 처음 가정이 잘못되었음을 보일 것이다. 먼저 x의 소수점 첫 번째 자릿수를 x_{11}이 아닌 수로 고른다. 소수점 두 번째 자릿수는 x_{22}가 아닌 수로 고른다. 계속하여, 소수점 n번째 자릿수는 x_{nn}이 아닌 수로 고른다. 그렇다면 x는 위의 목록에 절대로 나타날 수가 없다. 나타난다면 적당한 자연수 m에 대하여 m번째로 나타나야 하는데, x의 m번째 자릿수는 x_{mm}이 아니기 때문이다. 이처럼 대각선에 없는 수들로만 골라서 새로운 수를 찾아내기 때문에, 이 방법을 대각선논법이라고 부른다.

❺ 맺음말

지금까지 무한에 관한 몇 가지 성질을 살펴보았다. 모든 독자가 글 내용에 동의하고 있을지 모르겠다. 하지만 무한에 대한 것은 혼란스러울지 몰라도, 수 개념에 대해서 혼란스러워하는 독자는 없으리라 믿는다. 아마도 수천만 년의 진화과정에서 수에 대한 정보가 인류의 유전자에 포함되었을 것이다. 인류가 수학 공부를 계속하고 수학이 발전해 나가면서, 무한의 개념도 수처럼 인간이 아주 자연스럽게 받아들일 수 있는 날이 언젠가는 오지 않을까 기대해본다.

02 정보 : 인공지능, 너 이거 할 수 있어?

백재순 아주대학교 유비쿼터스컨버전스연구소 연구원
아주대학교 과학영재교육원 중등정보융합 사사반 지도교수

인공지능이라는 단어를 들으면 어떤 이미지가 떠오를까? 내 휴대폰의 빅스비나 시리를 떠올리기도 하고 SF영화의 똑똑한 로봇이 떠오르기도 한다. 생각보다 인공지능은 우리와 매우 가까운 곳에서 밀접하게 적용되어 있다. 인공지능이 무엇인지, 현재 인공지능은 우리 생활 속 어디쯤 와 있는지 살펴보자.

❶ 인공지능의 개요

1) 인공지능, 너는 누구니?

인공지능(AI, Artificial Intelligence)이라는 용어는 우리에게 매우 익숙하지만 정확한 의미를 설명하는 것은 쉽지 않다. 인공지능은 기계에게 인간과 같은 학습과 이해 능력을 부여하는 것이다. 이러한 능력을 통해 기계는 스스로 판단하고 행동할 수 있다. 이러한 기술의 핵심은 인간의 뇌를 모방하는 것이며, 이를 위한 뇌과학 연구는 아직도 진행 중이다. 예를 들어, 인간의 뇌는 신경세포들로 이루어진 신경망 구조를 가지고 있다. 이 신경망은 복잡한 정보를 처리하고 기억하며, 학습을 통해 새로운 지식과 기술을 습득한다. 이러한 인간의 뇌 구조와 작동 원리를 참고하여, 인공지능은 컴퓨터를 사용해 신경망을 모방하고 구현한다. 이러한 인공신경망을 통해 기계는 학습하고 판단하며, 스스로 문제를 해결할 수 있게 된다.

2) 인공지능의 시작

▶ "기계는 생각할 수 있는가?"

앨런 튜링은 70년 전에 '기계는 생각할 수 있는가?'라는 질문을 던졌다. 이 질문으로부터 인공지능이 탄생하게 되었다. 그러나 초기 인공지능은 모든 경우의 수를 인간이 직접 고려하여 학습시켜야 했다, 또한 인터넷이 대중화되지 않았기 때문에 충분한 양의 데이터도 없었고, 컴퓨터의 성능도 낮았다. 하지만 21세기에 들어서면서 인터넷이 보급되면서 대량의 데이터가 축적되었고, 인공지능 기술도 많이 발전했다. 그로 인해 이제는 인간이 아닌 컴퓨터가 데이터를 스스로 학습하고 분석할 수 있게 되었다. 이러한 발전으로 인공지능은 더욱 발전할 것으로 예측되고 있다.

3) 생활 속 인공지능

▶ 검색엔진

검색 엔진은 인공지능이 가장 먼저 적용되어 성공적으로 활용되고 있는 분야 중 하나이다. 인공지능 기술을 적용한 검색 엔진은 검색어와 관련된 문서나 정보를 수집하고 분석하여, 사용자가 원하는 결과를 제공한다. 이를 위해 기존의 키워드 검색 방식뿐만 아니라, 자연어 처리 기술, 이미지/음성 인식 기술 등 다양한 기술이 사용된다. 특히, 최근에는 딥러닝을 활용한 검색 엔진이 등장하면서, 사용자의 검색 의도를 더욱 정확하게 파악하고, 개인화된 검색 결과를 제공할 수 있게 되었다. 예를 들어, 구글(Google)의 'RankBrain'이라는 딥러닝 알고리즘은 검색어에 대한 이해도를 높여 검색어와 관련된 다양한 단어나 문장을 분석하여, 사용자가 원하는 결과를 더욱 정확하게 제공하고 있다. 또한, 인공지능 기술을 활용하여 사용자의 검색 히스토리나 선호도를 파악하여 개인화된 검색 결과를 제공하는 서비스도 등장하고 있다. 이를 통해 사용자가 자주 찾는 웹페이지나 컨텐츠를 우선적으로 보여주는 등, 더욱 효율적인 검색 서비스를 제공한다.

▶ 번역

인공지능 기술을 적용한 번역 서비스는 기존의 번역보다 더욱 빠르고 정확한 번역을 제공할 수 있다. 특히, 딥러닝 기술을 이용한 인공신경망 기반 번역기술(Neural Machine Translation, NMT)은 번역의 정확성을 높여주는 대표적인 기술 중 하나이다. NMT 기술은 기존의 번역 방식과 달리 문장 전체를 번역하며, 문맥 정보를 고려하여 번역 결과를 도출한다. 이를 통해 기존의 번역보다 자연스러운 문장을 만들어내고, 문맥에 따라 다른 번역을 제공할 수 있게 되었다. 또한, 인공지능 기술을 활용하여 실시간으로 번역해주는 휴대용 번역기도 개발되었다. 이를 통해 해외여행이나 비즈니스 등에서 언어 장벽을 극복할 수 있게 되었다. 더불어, 최근에는 인공지능 기술을 활용하여 다국어 챗봇을 만들어서, 자동으로 다양한 언어로 대화할 수 있는 서비스도 등장하고 있다. 이를 통해 다양한 언어권 사용자들 간의 의사소통을 원활하게 할 수 있다.

▶ 자동차

자율주행 분야에서도 인공지능 기술이 매우 활발하게 활용되고 있다. 자율주행 자동차에서는 인공지능 기술을 이용하여 센서 데이터와 이미지 데이터를 수집하고 분석하여 주행 경로를 판단하고, 교통 상황을 예측하며, 충돌 회피 등의 결정을 내린다. 이를 위해 컴퓨터 비전, 딥러닝, 강화학습 등의 인공지능 기술을 활용한다. 예를 들어, 주행 경로를 판단하기 위해 인공지능 기술을 활용하면, 지도 데이터와 센서 데이터를 결합하여 차선 유지, 신호등 인식, 신호 및 표지판 해석, 장애물 회피 등의 주행 판단을 수행한다. 또한, 주변 환경의 변화를 인식하고 그에 따라 자동차의 주행을 조절할 수 있다. 강화학습 기술을 이용하면, 인공지능이 데이터를 분석하고 자동차의 주행 경로에 대한 보상을 결정하는 방식으로 학습할 수 있다. 이를 통해 자동차는 경험을 통해 보다 더 효율적으로 주행할 수 있게 되었다. 자율주행 기술은 차량의 운전자와 승객의 안전을 보장하는 것은 물론, 교통체증 문제를 해결하고, 에너지 절약 등 다양한 혜택을 제공할 수 있다.

▶ 광고

인공지능 기술은 광고 분야에서 다양하게 활용되고 있다. 예를 들면, 광고주들은 인공지능을 이용하여 소비자의 행동과 관심사를 분석하고 이를 바탕으로 맞춤형 광고를 제공한다. 이를 통해 소비자들은 더욱 관심 있는 광고를 보게 되고, 광고주들은 더욱 효과적으로 광고를 전달할 수 있게 된다. 또한, 인공지능을 이용하여 광고 성과를 분석하고 예측하는데도 활용되고 있다, 광고주들은 자신들의 광고가 어떻게 작용하는지를 확인할 수 있다. 이를 통해 인공지능은 광고 분야에서 광고효과를 높이고 광고비용을 절감하는데 큰 역할을 할 수 있다.

▶ 의료

의료 분야에서 인공지능 기술은 다양하게 활용되고 있다. 예를 들면,

의료 영상 분석 분야에서는 인공지능을 이용하여 CT, MRI, X-ray 등의 의료 영상을 분석하고 의사들이 진단에 활용할 수 있는 정보를 추출할 수 있다. 이를 통해 의사들은 빠르고 정확한 진단을 내릴 수 있게 되며, 환자들도 빠른 진단과 치료가 가능다. 또한, 인공지능은 의료 데이터 분석 분야에서도 활용되고 있다. 예를 들어, 의료 기록 데이터를 분석하여 질병의 발생 가능성을 예측하거나 약물 투여의 효과를 분석하는 등 다양한 분야에서 활용되고 있다. 이렇게 인공지능은 의료 분야에서 정확하고 빠른 진단과 치료를 지원하며, 의료 데이터 분석을 통해 예방 및 치료에 대한 인사이트를 제공하는 등 의료 분야에서 큰 역할을 한다.

4) 인공지능에 포함되는 것

인공지능은 컴퓨터가 사람처럼 생각하고 판단할 수 있게 하는 기술이다. 그리고 인공지능 분야에는 여러가지 기술들이 있는데, 그 중에서 가장 중요하고 많이 쓰이는 기술이 머신러닝과 딥러닝이다.

▶ 인공지능

컴퓨터로 구현된 인공적인 지능을 연구하는 분야인 인공지능은 컴퓨터 과학의 하나이다.

▶ 머신러닝

컴퓨터가 스스로 학습을 할 수 있는 기술로, 사람이 수동으로 규칙을 만들어 주지 않아도 자동으로 패턴을 인식하고 학습할 수 있다. 이 기술은 인공지능의 핵심이 되는 기술 중 하나로, 이미 우리 주변에서도 많이 사용되고 있어. 예를 들면, 인공지능 스피커나 검색 엔진 등에서 사용되고 있다.

▶ 딥러닝

머신러닝 기술 중 하나로, 인간 뇌 구조를 모방하여 여러 층으로 이루어진 인공 신경망을 사용해 학습을 하는 기술이다. 이 기술은 이미지나 음성 등 복잡한 데이터의 분석에서 매우 뛰어난 성능을 보이고 있어서, 자율주행차나 얼굴인식 등 다양한 분야에서 활용되고 있다.

5) 인공지능은 어떻게 작동할까?

머신러닝은 결국 인공지능의 학습법 중에 하나이고, 머신러닝 외에도 여러 학습법이 존재한다. 예를 들어 물체 인식 분야에서 인공지능을 사용하는 예시로, 차량이나 보행자를 감지하여 자동차의 자율 주행이나 보행자 보호 등의 용도로 사용하는 시스템을 생각해 볼 수 있다. 이를 위해서도 머신러닝 기술이 활용되고 있으며, 이전에는 규칙 기반 시스템이 사용되기도 했다. 이를 통해 머신러닝과 규칙 기반 시스템의 차이점과 머신러닝의 중요성을 이해해 볼 수 있다.

규칙기반 시스템으로 수행하는 작업을 생각해보면, 의료 진단에 활용되는 의사 결정 지원 시스템을 들 수 있다. 이 시스템은 사전에 정의된 규칙을 사용하여 환자의 증상과 진단 결과를 분석하여 질병을 판단하는 방식으로 작동한다. 예를 들어, 특정 증상이 나타나면 이 증상에 대한 진단 기준을 설정하고, 해당 기준을 충족하면 특정 질병으로 진단하는 방식이다.

반면에 머신러닝은 데이터를 통해 스스로 패턴을 학습하고 예측을 수행하는 방식이다. 예를 들어, 의료 영상 분석에서 머신러닝은 수많은 이미지 데이터를 분석하여 각 이미지의 특징을 학습하고, 이를 바탕으로 새로운 영상 데이터를 분석하여 질병을 예측한다.

이처럼 머신러닝은 사전에 규칙을 정의하지 않아도 데이터에서 패턴을 스스로 학습하므로, 데이터가 복잡하고 다양할수록 성능이 향상될 수 있다. 또한, 규칙기반 시스템은 직접 규칙을 설정해야 하기 때문에 도메인 전문가가 필요하지만, 머신러닝은 데이터만 있으면 스스로 학습할 수 있기 때문에 인력 및 비용 측면에서도 이점이 있다. 이러한 이유로 머신러닝은 최근에 인공지능 분야에서 주목받고 있는 기술 중 하나이다.

6) 인공지능을 공부하는 이유

인공지능은 인간의 지적 능력을 모방하고 컴퓨터 프로그램으로 구현하는 기술이다. 이 기술은 우리 생활과 사회에 큰 영향을 미치고 있다. 예를 들면, 인공지능 기술을 이용한 의료 진단 시스템은 인간의 수천 배 이상의 데이터를 처리하면서 정확한 진단을 내릴 수 있다. 인공지능을 이용한 자동화 기술은 생산성을 높이고 비용을 줄일 수 있으며, 인간에게 불필요한 작업을 대신 수행할 수 있다.

그러나 인공지능을 활용하기 위해서는 해당 분야의 전문가들이 인공지능 기술을 잘 이해하고 활용해야 한다. 인공지능은 데이터를 기반으로 학습하고 판단하는데, 이 데이터의 질이 좋지 않으면 부정확한 결과를 낼 수 있다. 또한 인공지능 기술을 적용하기 위해서는 어떤 데이터를 수집해야 하는지, 그리고 그 데이터가 유효한 데이터인지 판단할 수 있어야 한다. 이는 해당 분야의 전문가가 수행할 수 있는 작업이다.

따라서 우리가 꿈꾸는 분야에서 전문성을 갖추어 나가면서 인공지능 기술을 공부해 나가는 것이 중요하다. 이를 통해 인공지능 기술을 적절히 활용하여 더 나은 세상을 만들어 나갈 수 있을 것이다.

❷ 인공지능의 현재

1) 288년의 기록, 3243권, 2억4250만자

승정원일기는 조선시대 승정원에서 처리한 왕명 출납과 제반 행정사무, 의례적 사항 등을 기록한 일기이다. 한자로 쓰여진 승정원일기를 번역하는 작업은 1994년부터 시작이 되었고 인간 전문가의 번역 속도로 2062년에 번역이 완료될 것으로 예상하고 있었다.

하지만 최근 인공지능이 승정원일기의 한자를 번역하기 시작했고 2035년에는 번역이 완료될 것이라고 한다. 무려 27년을 단축시켰다.

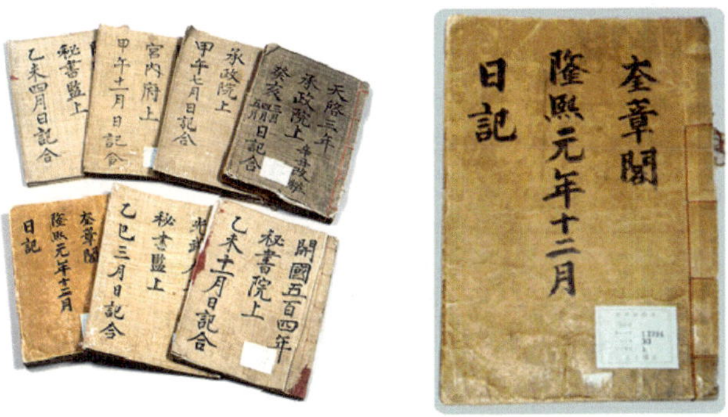

[그림 1] 승정원일기[1]

2016년 인공지능은 당시 바둑계 인간 최고수로 불리던 이세돌 9단을 상대로 4:1의 승리를 거둬 모두에게 큰 충격을 주었다. 과연 인공지능은 인간 최고수를 이기기 위해 얼마만큼의 학습을 했을까? 우선 인공지능은 16만 개의 기보(바둑 한 판을 둔 내용의 기록)와 3,000만 개의 착점(바둑돌을 놓는 위치)을 학습하였다. 그리고 100만번의 대국 훈련을 하였다. 이것은 인간의 시간으로는 1000년의 시간으로 가능한 학습량이다. 바둑은 361개의 교차점으로 이루어진 격자 모양 판에 돌을 두는 바둑의 경기에는 우주의 원자 수보다 많은 천문학적인 숫자의 경우의 수가 존재하는 것으로 알려져 있다. 인공지능은 이 엄청난 양의 경우의 수를 '몬테카를로트리탐색'이라는 알고리즘을 이용하여 어느 자리에 바둑돌을 놓으면 이길 확률이 높은지를 계산하며 다음 수를 결정해 나간다.

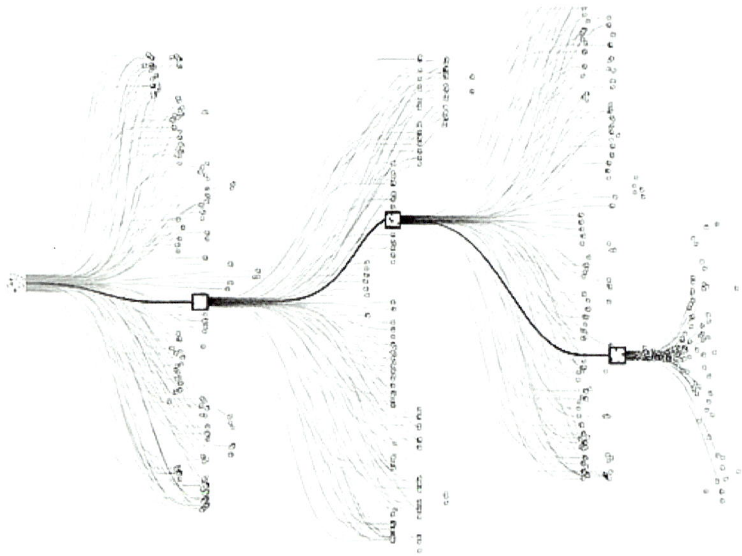

[그림 2] 바둑의 경우의 수를 계산해내는 인공지능의 연산방식 그래픽[2]

인공지능의 인간에 대한 도전은 바둑이 처음이 아니었다. 바둑 대결 이전에 체스와 퀴즈쇼에서 인간을 이긴 바 있다. 체스, 퀴즈쇼, 바둑을 정복한 인공지능은 다양한 종류의 게임에 도전한다.

[그림 3] 인공지능이 정복한 게임들
(시계방향 : 스타크래프트, 도타2, 하나비, 블레이드앤소울)[3]

인공지능은 실시간 전략형 전투게임인 스타크래프트에서 인간 최상위권 강자와의 대결에서 승리한다. 스타크래프트와 같은 게임은 불완전하게 관찰된 정보를 바탕으로 실시간 의사결정을 필요로 한다. 스타크래프트에서 인공지능의 승리는 알고리즘이 복잡한 현실 속 문제 해결에도 인공지능이 기여할 수 있다는 가능성을 보여주었다.

1:1로 대결하는 스타크래프트와는 달리 도타2라는 게임은 5:5 팀전

의 방식으로 진행된다. 인공지능은 도타2 5:5 팀전의 게임에서도 인간 프로팀을 상대로 완승을 거두었다. 인공지능은 인간 프로팀을 상대로 팀전에 승리하기까지 인간 시간으로 무려 45,000년의 자가학습을 수행하였다. 도타2에서 인공지능의 승리는 인공지능 시스템도 서로 상호작용이 가능하다는 것을 의미하며, 이는 향후 인간과 인공지능이 상호작용하는 미래에 도움이 될 것으로 기대한다.

인공지능은 블레이드앤소울 게임의 PvP(Player vs Player) 콘텐츠에도 도전한 바 있다. 실시간 전략게임과는 달리 PvP 콘텐츠는 두 플레이어가 전투 대결을 벌이는 것으로 순간의 판단 능력이 매우 중시된다. 수십 분의 일 초 단위의 판단이 필요한 PvP 전투가 벌어질 때 발생하는 경우의 수는 바둑의 몇백 배는 될 정도로 복잡하다.

Hanabi(하나비)라는 보드게임이 있다. 이 보드게임은 다양한 형태의 불꽃놀이를 성공적으로 쏘아올리는 것을 목표로 하는 보드게임이다. 일반적인 보드 임이 서로 대결하는 형태라면 Hanabi 보드게임은 서로 협동하고 협력 게임이다. 사람이 다른 사람의 행동에서 뭔가를 추론할 수 있는 능력을 [마음이론(Theory of Mind)]이라고 하는데 Hanabi 보드게임은 이런 능력을 요구한다. 인공지능의 Hanabi 보드게임 정복을 통해 인공지능도 복잡한 주변 상황 추론을 통해 스스로 판단하는 것이 가능하다는 것을 확인하였다. 이는 자율주행 자동차나 인간의 행동을 통해 뭐가 필요한지 판단해야 하는 인공지능 도우미의 개발 등에 활용될 수 있다.

인공지능 경험하고 생각하기 http://code.org/oceans [링크] 사이트에 접속해서 게임을 플레이해봅니다.

위 게임을 해보고, 인공지능에게 잘못된 정보를 학습시킬 경우 어떤 문제가 있을지 생각해 봅니다.

참고문헌

1 사진출처 : dongascience.donga.com

2 사진출처 : spri.kr

3 사진출처 : gamemeca.com

03 물리 : 물리학의 미해결 문제

류신호 청명고등학교 물리 교사
아주대학교 과학영재교육원 중등과학융합 A반 담임교사

오늘날 과학의 발전은 엄청난 성과를 이루었다. 그러나 아직도 인류의 궁금증을 해결하지 못한 것이 허다하며, 새로운 궁금함이 생겨나고 있다. 인류의 역사를 살펴보면 어떤 이는 궁금증을 만든 사람의 경우가 있고, 어떤 이는 궁금증을 해결한 사람도 있으며, 어떤 이는 궁금증을 만들고 스스로 해결한 경우가 있다.

COVID-19를 겪고 있는 우리에게는 1665년 케임브리지 대학교가 전염병으로 문을 닫아 뉴턴이 시골로 돌아가 2년 동안 그는 미적분, 색상, 중력, 행성 궤도 및 3가지 운동 법칙 등의 진정한 의미를 연구하여 인류 지성의 과학적 진보에 어마어마한 기여를 한 1665년은 기적의 해(Annus Mirabilis)가 된 것을 알고 있다.

이번 Curious Mind Letter에서는 웹에서 쉽게 찾아볼 수 있는 물리학에서의 미해결 문제를 언급해 보고 이 분야들에 대하여 미래의 과학도와 공유해 볼 기회를 가지고자 한다.

❶ 위키백과에서 찾을 수 있는 물리학의 미해결 문제 목록

위키백과는 때때로 새롭게 내용이 갱신되는데 여기에 옮긴 내용의 일부는 2020년 6월 기준의 내용이다.

물리학의 미해결 문제는 일반적으로 물리학 분야의 미해결 문제들로 이론적인 의미는 기존의 이론으로는 설명할 수 없는 특정한 관측 현상 및 실험 결과들을 의미한다. 또한, 실험적인 의미는 제안된 이론을 검증하거나 상세한 현상을 조사하기 위한 실험을 구축하는 것이 매우 어려움이 따르는 것들을 의미하며 다음과 같은 부류의 물리학 분야에서 여러 미해결 목록들이 나타나 있다.

▶ 우주론, 일반 상대성 이론

▶ 양자중력학

▶ 고에너지 물리학/입자물리학

▶ 천문학 및 천체물리학

▶ 핵물리학

▶ 원자, 분자, 광학 물리학

▶ 응집물질물리학

▶ 생물리학

▶ 기타 문제

1) 우주론, 일반 상대성 이론

자! 우주론과 일반 상대성 이론의 미해결 문제들을 목록을 보자! 정말 물리학이 이렇게 많은 문제를 해결하고 있지 못하다는 것이 실로 믿어지지 않을 것이다.

▶ 우주론에서 급팽창 이론은 정확한가? 만약 그렇다면, 이 당시에는 정확히 무슨 일이 일어났는가?

- 무엇이 가상의 인플라톤 급팽창을 일으켰는가? 만약 급팽창이 어느 지점에서 일어났다면, 양자역학적 변동으로 인한 팽창으로 자발적으로 발생했으며, 매우 먼 장소에서는 지금도 계속 진행하고 있는가?
- 왜 먼 우주가 대폭발이 예측한 비등방성 값보다 현재 밤하늘을 관측한 값이 더 적고 매우 균질한가? 우주론적 급팽창에서는 이에 대한 해답을 제시하지만, 광속의 가변성과 같이 더욱 적절한 이론으로 설명할 수는 없는가?
- 우주 초기의 전자기약력의 시대가 끝날 때 관측 가능한 우주의 먼 부분이 인과관계적으로 연관되어 있지 않다면 왜 전자기약력 진공에서 대규모 불연속성이 보이지 않는가?
- 표준적인 우주 인플레이션 모델은 전자기약력 대칭성 파괴가 일어나기 전에 인플레이션이 일어나므로 어떻게 인플레이션이 불연속성을 없앴는지는 분명하게 알 수 없다.
- 우주의 미래는 여러 우주론 중 어느 것이 될 것인가? 아니면 무한히 반복하는 순환 모델의 일부인가?
- 왜 관측 가능한 우주에서 물질이 반물질보다 많은가?
- 왜 진공의 영점 에너지가 우주 상수를 크게 만들지 않는가? 무엇이 이를 상쇄하는가?
- 암흑 물질의 정체는 무엇인가? 이것이 입자인가? 이것이 가장 가벼운 초대칭짝인가?
- 암흑 물질로 인해 일어나는 것처럼 보이는 현상이 사실은 물질 때

문이 아니라 중력의 팽창 때문은 아닐까?

▶ 우주의 가속팽창이 나타나는 원인은 무엇인가?

▶ 물질, 에너지 두개가 시간이 지나면서 매우 다르게 흘러갔는데도 왜 암흑 에너지의 에너지 밀도가 현재의 물질 밀도와 동일한가?

▶ 이 이유가 단순히 인간 중심 원리 덕분에 우리가 이 값으로 관찰할 수 있는 것인가?

▶ 암흑 에너지는 순수한 우주 상수인가, 양자 에너지 등이 적용되는 전형적인 모델인가?

▶ 중력의 비구형적 대칭이 관측 가능한 우주 외부에 존재하는 우주의 은하 클러스터와 같은 거대 물체의 관측 운동과 같은 것인가?

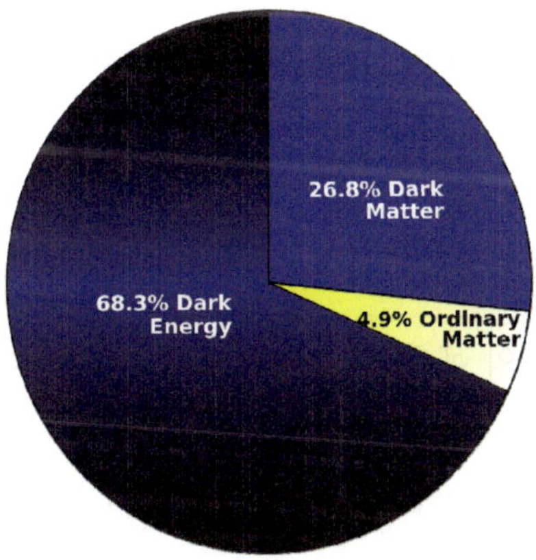

[그림 1] 우주에서 추정되는 암흑 물질 및 암흑 에너지의 분포 지도

▶ 130억 광년 떨어져 있는 거리의 마이크로파의 거시적 모양이 태양계와 방향, 속도가 모두 같은 것으로 나타났다. 이 같은 결과는

계산 과정에서 일어난 정오차로 인해 나타난 부분적 결과 오염 현상인가, 아니면 코페르니쿠스 원리를 정면으로 위반하는 증거인가?

- 비공식적으로는 "우주의 모양"이라고 부르는 우주의 팽창 공간 부분의 3차원 팽창 거리는 무엇인가?
- 우주의 곡률과 토폴로지 모두 현재는 알 수 없지만, 현재 관측 가능한 수준에서 곡률은 거의 0인 것으로 보인다. 급팽창 이론에서는 우주의 모양이 측정 불가능한 것으로 추정되지만, 2003년부터 장피에르 루밍트와 같은 여러 연구진들은 우주의 모양이 푸앵카레 면체 공간 형태일 것이라고 제안했다. 우주는 과연 측정 불가능한 모양인가, 혹은 푸앵카레 공간인가, 아니면 또 다른 모양의 3차원 공간인가?

위와 같은 많은 질문이 아직 미해결 문제들이다.

2) 양자중력학

우주론의 연장선에 있는 양자 중력학의 미해결 과제 목록도 살펴보자.

- 왜 양자 진공의 예측된 질량이 우주 팽창에 거의 영향을 미치지 않는가?
- 양자역학과 일반 상대성 이론을 양자장론이라는 하나의 이론으로 합칠 수 있는가?
- 시공간은 근본적으로 연속적인가, 불연속적인가?
- 하나로 합쳐진 이론에서 힘은 중력자와 같은 가상의 입자가 매개

하는 것인가, 혹은 루프 양자중력과 같이 시공간 자체의 기하학적 모양으로 인한 현상인가?

- 매우 작거나, 매우 크거나, 양자 중력 이론에서의 흐름과 같이 극단적인 환경에서 나오는 일반 상대성 이론과의 편차는 무엇인가?
- 이론적으로 예상되는 것과 같이 블랙홀은 열복사를 방출하는가? 이 열복사는 끈 이론에서 나타나는 바와 같이 블랙홀 내부 구조에 대한 정보를 포함하고 있는가? 아니면 호킹 복사에서 제안하는 바와 같이 정보가 뒤섞여 있는가? 만약 그렇지 않고 블랙홀이 증발할 수 있다면 이 블랙홀 내부에 저장되어 있는 정보는 어떻게 되는가?(양자역학에서는 정보가 파괴되지 않는다.) 혹은 어느 시점에서 블랙홀의 잔해에서의 열복사가 중지되는가? 만약 이러한 구조가 존재하지 않을 경우에도 어떻게든 내부 구조를 알아낼 수 있는 방법이 있는가?
- 우주에서 4차원 이상의 시공간이 존재하는가? 만약 그렇다면, 이 차원의 크기는 어느 정도인가? 이러한 차원의 우주에서 기본적인 법칙이 어떻게 존재하거나, 물리학 법칙이 어떻게 바뀌는가? 우리는 실험적으로 고차원이 존재한다는 증거를 찾을 수 있는가?
- 흔히 벌거숭이 특이점라고 하는 사건의 지평선에 가려지지 않은 특이점은 초기의 여러 조건들로 인해 생겨나는 것인가? 혹은 로저 펜로즈가 주창한 '우주 검열 가설'처럼 실제로 나타나는 것이 불가능한가? 이와 비슷하게, 일반 상대성 이론의 방정식의 일부 해에서 나타나는 닫힌 시간 곡선(과거로 시간 여행을 가능하게

해주는 해)가 양자역학과 일반 상대성 이론을 통합한 양자 중력 이론에서 스티븐 호킹이 "연대 보호 추측"을 제시했던 것과 같이 금지되어 있는가?

- 양자물리학에서 국소적이지 않은 현상이 있는가? 만약 존재한다면, 비국소적 현상이 벨 부등식이 틀렸다는 것과 연관이 있거나 정보 및 보존량이 국소적이지 않은 방법으로 이동할 수 있는가? 어떤 상황에서 비국소적 현상을 관찰할 수 있는가? 비국소적 현상의 존재 유무는 시공간의 기본 구조와 무슨 연관이 있는가? 이 현상은 양자 얽힘과 무슨 관련이 있는가? 양자물리학의 기본적인 성질로 이 현상을 어떻게 해석할 수 있는가?

3) 고에너지 물리학 / 입자물리학

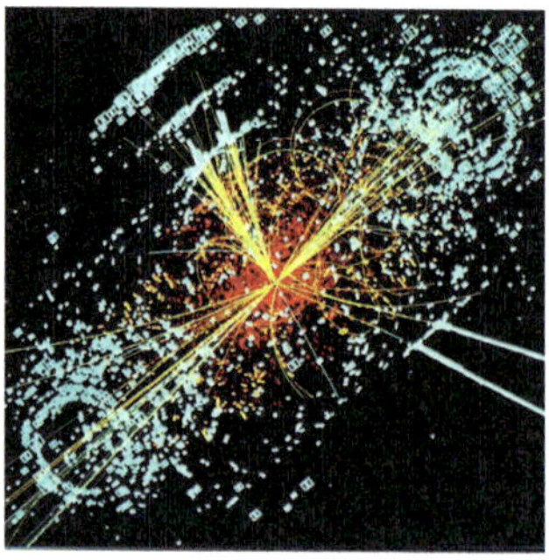
[그림 2] CERN의 CMS 감지기에서 힉스 입자가 어떻게 검출될 것인지에 대한 시뮬레이션

이번에는 입자물리학의 표준 모형 이후의 여러 미해결 문제들에 대한 것이다.

- 힉스 보손의 갈래비는 표준 모형과 일치하는가? 힉스 보손은 오직 하나의 유형만 존재하는가?
- 왜 중력은 힘이 너무 약한가? 중력은 플랑크 스케일에서는 1019 GeV 정도로 강력하여 전자기약력 스케일은 대략 100 GeV보다 훨씬 높다. 왜 이 스케일은 엄청난 차이가 나는가? 힉스 보손의 질량과 같은 전자기약력 스케일의 양이 플랑크 규모에서의 양자적 재규격화가 일어나지 않는 이유는

무엇인가? 초대칭, 여차원, 또는 인간 중심 원리의 미세 조정으로 이 문제를 해결할 수 있는가?

- 고에너지 시대와 같은 과거 시점에서 "자기 입자"를 매개하는 입자가 존재했었는가? 만약 그렇다면 이들은 지금도 남아 있는가? 폴 디렉은 자기 홀극의 일부 형태의 존재를 통해 전하 양자화를 설명했다.
- 양성자는 근본적으로 안정한가? 아니면 표준 모형의 확장 이론에서 예측했던 바와 같이 유한한 수명을 가지고 붕괴하는가? 쿼크와 글루온의 스핀이 어떻게 양성자의 스핀에 영향을 미치는가?
- TeV 스케일에서 시공간의 초대칭이 나타날 것인가? 만약 그렇다면, 초대칭 파괴의 메커니즘은 무엇인가? 초대칭이 고에너지 양자 보정을 막아 전자기약력 스케일을 안정화하는가? 가장 가벼운 초대칭 입자(LSP)가 암흑 물질을 이루는가?
- 쿼크와 렙톤은 왜 3개의 세대로 구성되어 있는가? 특정 세대에서 유카와 상호작용의 첫째 원칙을 통해 특정 쿼크와 렙톤의 질량을 설명할 수 있는가?
- 중성미자의 질량은 디렉 통계인가, 마요라나 통계인가? 질량 계층은 정상인가 반전인가? CP 위상이 0을 위반하는가?
- 왜 자유 쿼크나 자유 글루온은 관측된 적이 없고 중간자나 바리온과 같이 핵자 내부에만 존재하는 것인가? 양자 색역학(QCD)에서는 이 현상이 어떻게 나타나는가?
- 왜 강한 상호작용에서 반전성과 전하 켤레 대칭이 불변인가?

페체이-퀸 이론이 이 문제의 해결책인가?

- 왜 실험적으로 측정된 뮤온의 변칙적 자기 쌍극자 모멘트(뮤온 g-2)가 이론적으로 예측된 값과 차이가 크게 나는가?
- 양성자의 진짜 전하 반경은 어느 정도인가?
- 쿼크의 조합은 어떤 것이 가능한가? 왜 펜타쿼크가 발견하기 매우 어려운 것인가? 이 입자가 다섯 개의 기본 입자가 서로 강하게 연결되어 있는 계인가, 아니면 바리온과 중간자가 서로 약하게 결합되어 있는 계인가?

4) 천문학 및 천체물리학

천문학과 천체물리학의 문제는 큰 제목만 나열하여 보면 다음과 같다.

상대론적 제트, 코로나 가열 문제, 확상 성간 밴드, 감마선폭발, 초대질량 블랙홀, 카이퍼 절벽, 스윙바이 변칙, 은하 회전 문제, 초신성, 삼체 문제, 초고에너지 우주선, 토성의 자전 속도, 마그네타 자기장의 기원, 거대 규모 이방성, 광자 과소생산 위기, 우주 굉음, 은하 디스크의 나이-금속성 관계, 리튬 문제, 혜성과 태양풍의 상호작용, 초고광도 펄서 등의 주제에서 여러 미해결 문제들이 있다.

5) 핵물리학

핵물리학은 '양자 색역학, 원자핵과 천체핵물리학, 플라스마 물리학 및 핵융합 발전'의 큰 부류에서 역시 다양한 미해결 문제들이 있다.

6) 원자, 분자, 광학 물리학

이 분야에서는 '수소 원자, 뮤입자 수소, 레이저 냉각, 아브라함–민코브스키 논쟁'의 큰 부류에서 역시 다양한 미해결 문제들이 있다.

7) 응집물질물리학

응집물질물리학은 '고온 초전도체, 비결정질 고체, 극저온 전자 방출, 음 발광, 난류, 알프베닉 난류, 위상적 순서, 부분 양자 홀 효과, 보스–아인슈타인 응축, 액정, 양자점, 띠구조' 등의 큰 부류에서 역시 다양한 미해결 문제들이 있다.

8) 생(물)물리학

생물물리학 분야에서는 '유전자 발현에서 확률 과정과 잡음비 강인성, 면역계의 정량적 연구, 호모키랄성'의 큰 부류에서 역시 다양한 미해결 문제들이 있다.

9) 기타 문제

그 외에도 '엔트로피, 양자역학의 해석, 대통일 이론, 양–밀스 이론, 물리학석 정보, 양자 컴퓨터, 무차원 물리 상수'의 큰 부류에서 역시 다양한 미해결 문제들이 있다.

❷ 물리학의 문제를 탐구하는 방법

물리학의 미해결 문제들은 여러 방법으로 그 해결책을 찾아가고 있다. 문제 자체를 점검하는 방법, 거대 실험장치를 사용하는 방법, 새로운 해결책을 찾아가는 방법 등 아주 다양한 방법이 있다.

TED 강연을 찾아 보는 것도 흥미로울 수 있을 것이다.

물리학의 미해결 문제를 탐구하는 방법
1,659,866 views | 제임스 비챔(James Beacham) • TEDxBerlin

우리는 인류의 다양한 분야에서 여러 문제를 겪고 해결해 나가고 있다. 2020년의 COVID-19 문제도 큰 문제 중의 하나라고 볼 수 있다. 인문, 사회, 자연의 이해에 깊은 배경을 제공하는 물리학의 문제 해결은 우리에게 큰 도전의 과제라고 할 수 있다. 또 새로운 문제를 발견하는 것 또한 중요하다고 할 수 있다.

더 많은 미해결의 구체적인 문제에 대하여 여러분들은 웹이나 문헌을 통하여 더 많은 것들을 접할 수 있을 것이다. 여러분들은 충분히 앞으로 그 문제들에 대한 해답을 얻을 수 있을 것이다. 자, 여러분은 어떤 문제에 관심을 가지고 싶은지 한 번 생각 해 보자!

참고문헌

1 https://ko.wikipedia.org/wiki/물리학의_미해결_문제_목록

2 과학의 미해결문제들, 다케우치 가오루 외, 홍성민 역, 반니, 2015

3 Transcript of "물리학의 미해결 문제를 탐구하는 방법", TED 강연
: https://www.ted.com/talks/james_beacham_how_we_explore_unanswered_questions_in_physics/transcript?language=ko

4 이들은 물리학의 5개 미해결 문제인가?
: https://www.greelane.com/ko/과학-기술-수학/과학/five-great-problems-in-theoretical-physics-2699065/

5 10년 후의 입자 물리학, 남순건, 물리학과 첨단기술, 2014년 5월호

04 화학 : 의약품과 합성화학물질

박기수 서울과학고등학교 화학 교사
아주대학교 과학영재교육원 중등화학융합 사사반 지도교수

우리 주변에서 모든 '화학물질'을 사용을 거부하는 '노케미족'이 유행하고 있다. 텔레비전이나 인터넷, SNS 등의 광고에서도 '천연' 물질임을 강조하여 제품을 홍보하는 등 우리 일상에서 '화학'은 대중에게 피해야 할 무언가로 인식되고 있는 듯하다. 물론 아직도 해결되지 않은 '가습기 살균제' 사건이나 각종 유독성 물질에 노출된 사고 사례들을 보면 지금의 '화학물질'에 대한 거부감을 일면 이해할 수 있다. 하지만 이로 인해 필요 이상의 두려움과 '천연물질'에 대한 맹신, 그리고 이를 악용하는 자들로 인해 발생하는 피해들 또한 충분히 숙고해야 한다.

사실 이 세상에는 화학물질이 아닌 게 없다. 물, 흙, 돌, 나무 모두 화학 원소로 이루어졌으며 설탕, 소금, 식초 등 우리가 천연물질이라 알고 섭취하는 음식 중 상당수는 인공적으로 제조 또한 가능하다. 즉, 모든 물질은 화학물질이라 할 수 있으며 '천연물질'의 반대가 '화학물질'이라 말할 수 없다는 뜻이다. 또한, 천연물질이 좋다고 천연 독버섯이 몸에 유익하지 않은 것처럼 천연물질에 '선(善)'의 이미지만을 씌우는 것도 합리적이지 않다. 물론 '노케미족'이 경계하는 '화학물질'은 '합성' 화학물질로 해석할 때, 정체를 알 수 없고 치명적인 인공적인 합성화학물질을 멀리하고자 하는 마음은 일면 공감할 수 있다. 하지만 이 또한 합성화학물질을 비롯한 화학에 대한 편향된 인식임을 '합성 의약품'과 연관하여 풀어내어 '균형'을 맞추고자 한다.

❶ 최초의 합성 의약품, 아스피린

인류가 약을 처음 사용한 시기는 정확히 특정할 수는 없으나 원시시대 동굴벽화나 유물을 통해 추정해보면 맛이 쓴 풀뿌리를 먹이거나 향을 피우는 방식을 이용했으리라 추정한다. 기원전 1500년경 고대 이집트인들의 파피루스에는 피마자기름 같은 약을 급성 장염 등에 사용한 기록이 나와 있으며 동양의학의 기틀을 마련한 약물 서적인 기원전 중국의 신농본초경에는 약 360여 종의 생약이 수록되어 있다.

최초 합성의약품으로 알려진 아스피린(Aspirin)은 해열·소염 진통제이자 혈전 예방약으로 활용되고 있다. 이 약은 두통과 치통 등을 완화할 뿐 아니라 치은염과 근육염 등 각종 염증을 가라앉힌다. 흥미로운 부분은 아스피린이란 이름이 아세트산(acetic acid)과 버드나무의 학명인 스피라이아(spiraea)의 합성어인데, 실제 아스피린의 기원이 버드나무 껍질로부터 시작되었다는 점이다.

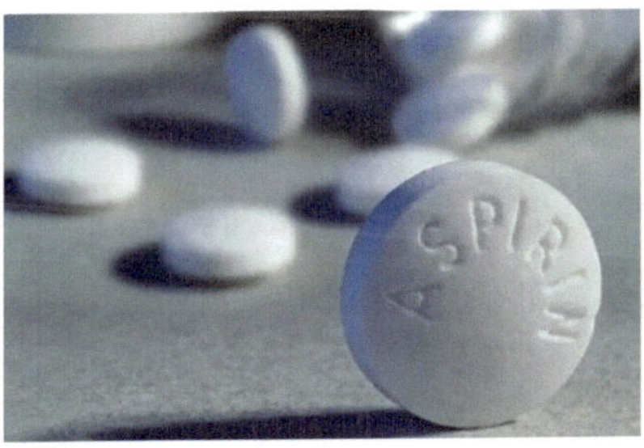

각종 통증에 버드나무 껍질의 추출물을 사용했다는 기록이 이집트의 파피루스에 지금부터 3500년 전에 기록이 되어있으며 그로부터 천년이 지난 그리스의 히포크라테스 시대에도 열과 통증, 분만 고통에 버드

나무 추출물을 사용했다는 기록이 남아 있다. 이와 함께 의학서 「동의보감」에는 버드나무에 대해 '맛이 쓰고 성질은 차며 독이 없다. 풍을 없애고, 부은 것을 내리며, 소변을 잘 나가게 하고, 아픔을 줄이는 작용이 있다.'라 언급되었다.

1827년, 버드나무 껍질에서 해열과 진통작용에 대한 활성성분인 살리실산(salicylic acid)이 추출되었다. 하지만 부식성이 있는 페놀(phenol) 성분으로 인해 속쓰림 등의 소화기 장애를 함께 일으켰기에 의약품으로 활용도가 높지 않았다. 그리고 1897년, 독일 바이엘 사(社) 화학자 호프만(F. Hoffman)은 만성 류마티스로 고생하는 부친의 살리신 복용으로 생긴 부작용을 치료하기 위해 살리실산의 페놀 구조를 화학적으로 변경함으로써 자극성을 줄인 아스피린 합성에 성공하였다.

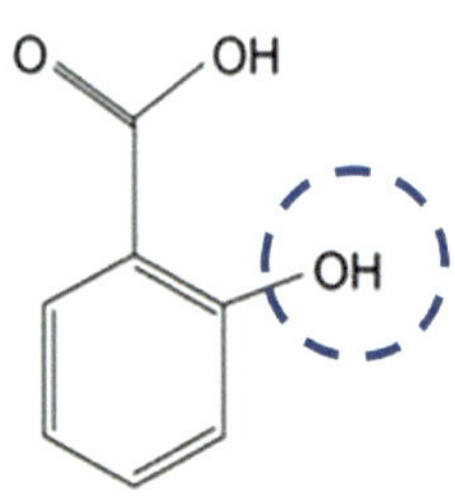

[그림 1] 살리실산

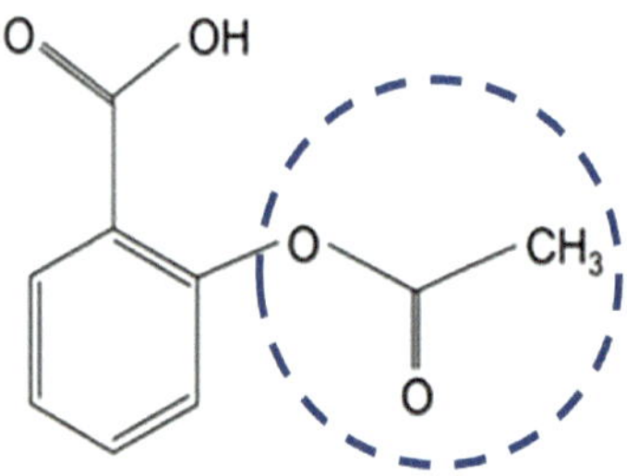

[그림 2] 아세틸 살리실산(아스피린)

비록 공복 섭취 시 위장장애와 혈액응고장애 등의 부작용이 있지만 아스피린은 아직도 전 세계에서 널리 쓰이는 해열·소염 진통제로 가정상비약의 최우선 품목이 되고 있다.

❷ 합성 항생제 이야기

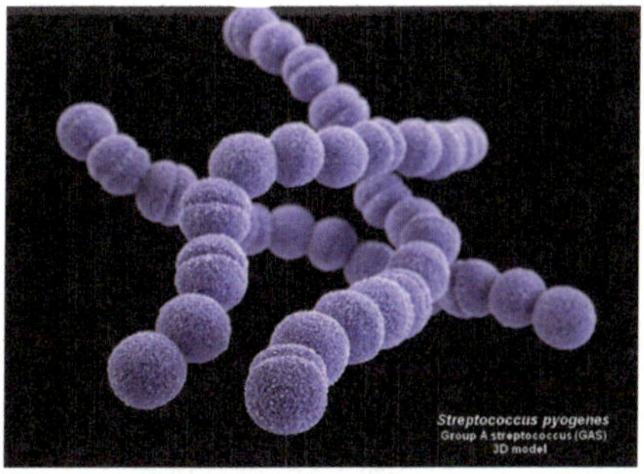

[그림 3] 연쇄구균[1]

대중 의학서적인 '감염의 전장에서'를 저술한 토머스 헤이거는 서문에서 "우리 부모 세대는 연쇄구균 인두염, 베인 상처 감염, 성홍열, 수막염, 폐렴 등 수많은 감염병으로 목숨을 잃을 수 있었으며 실제로 죽는 일도 많았다. 나와 학교 친구들이 살아남은 것은 항생제 덕분이었다"고 회고하며 과거의 치열했던 병원균과 항생제의 역사에 대한 이야기를 풀어내었다.

항생제(antibiotics)는 미생물에 의하여 만들어진 물질로서 다른 미생물의 성장이나 생명을 막는 것을 총칭한다. 고대에서부터 항생효과가 있는 물질을 자연으로부터 채취하여 사용해왔다는 기록이 있는데, 나무껍질과 뿌리에서, 그리고 곰팡이 등에서 얻은 추출물로 감염병을 치료하였다고 한다. 이러한 '천연 항생제'는 민간요법으로 수많은 세월 동안 사용되었다.

그리고 지금으로부터 불과 100여 년 전인 1910년경 독일의 파울 에를리히는 유기 합성 화학물질을 이용하여 살바르산(Salvarsan)을 개발하였다. 살바르산은 매독 치료에 사용되었는데, 이는 화학요법으로 질병을 치유하는 최초의 예로 기록되어 있다. 한편, 독일 병리학자 겸 미생물학자인 게르하르트 도마크는 세균 감염 치료에 효과적인 것으로 나타난 최초로 상용화된 항생제인 프론토실(Prontosil)의 항균효과를 발견하였다. 파울 에를리히와 게르하르트 도마크는 이러한 업적으로 1908년과 1939년에 각각 노벨 의학상 수상자가 됐다.

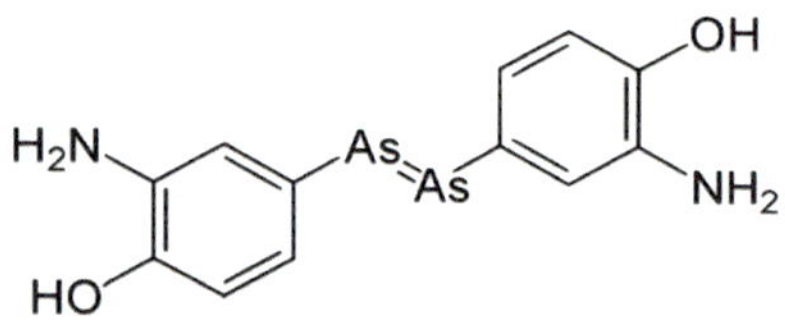

[그림 4] 살바르산(Salvarsan)

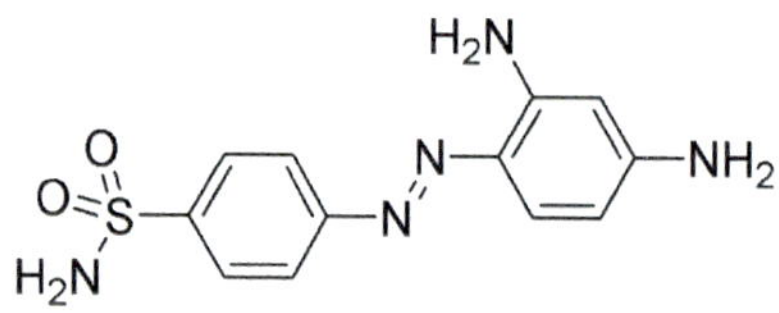

[그림 5] 프론토실(Prontosil)

연쇄구균이 일으키는 다양한 세균 감염에서 프론토실을 비롯한 여러 설파제는 놀라운 효능을 보여주었다. 설파제가 보급되면서 거의 사라지다시피 한 대표적인 것이 산욕열로 인한 산모 사망이다. 산욕열은 과거 출산 직후에 여성이 사망하는 주된 원인 중 하나였는데 고열과 오한, 그리고 극심한 전신 통증 등을 유발하였고 산욕열이 무섭게 확산될 때는 산모의 25%가 생명을 잃을 정도로 치명적이었다.

그리고 이후 합성된 설파닐아마이드(sulphanilamide)와 무려 5,000종의 유도체들은 성홍열, 폐렴, 임질 등 많은 전염병들을 효과적으로 해소하였다. 1,2차 세계대전 중, 포탄이나 폭탄, 총상으로 인한 조직의 깊은 상처에 감염되어 고름과 악취를 발생하는 가스괴저병으로 많은 병사들이 사망에 이르렀다. 설파닐아마이드 개발과 보급 이전에는 감염된 부위의 절단이 유일한 해결책일 정도로 속수무책이있다. 하지만 이후 2차 세계대전 당시 설파닐아마이드는 널리 보급되어 수많은 전쟁 부상자의 목숨을 구할 수 있었다.

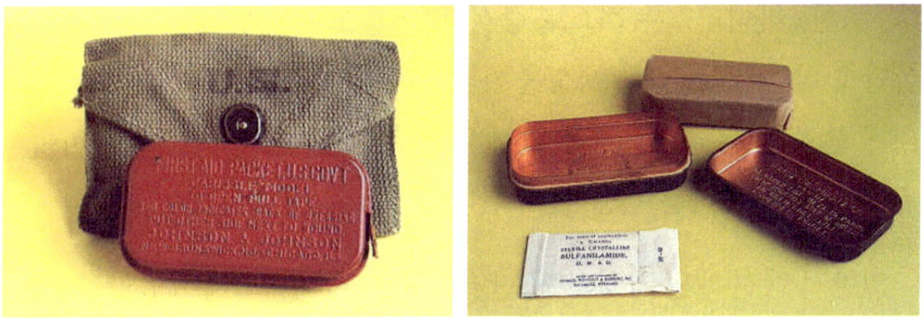

[그림 6] 2차 세계대전 당시 미군에게 보급된 설파제

"설파제는 항생제 시대를 열었으며, 우리가 아는 현대 의학의 토대를 놓았다. 1930년대 중엽에 세계무대에 등장해 엄청난 흥분을 자아내고는 고작 10년 뒤 사라지다시피 했다. 하지만 짧은 기간에 모든 것이 달라졌다."[2]

병원균의 내성 획득과 알레르기, 신장 손상 등의 부작용으로 설파제는 20세기 중반 이후 거의 사용되지 않지만 뒤이어 다른 항생제들이 개발되었으며, 다시 많은 감염 질환들이 정복되어 갔다. 1980년대까지는 주로 미생물로부터 항균 물질을 추출하는 방법으로 새로운 계열의 항생제 신약을 개발하였으며 1980년 이후에는 이미 알려진 약제의 화학구조를 변화시켜 약리작용을 개선하거나 부작용을 줄이는 쪽으로 신약이 개발되었다.

❸ 바이러스 백신 개발

하나의 독립된 세포로 구성되어 스스로 증식하는 세균과 달리 바이러스는 구조가 단순하며 유전정보를 담은 핵을 단백질이 둘러싸고 있다. 또한, 바이러스는 스스로 증식할 수 없으며 반드시 숙주가 존재해야만 한다. 백신은 항체 생성을 자극하여 바이러스에 대한 면역력이 생기게 할 수 있는 물질로 이 과정에서 인체 면역계는 미리 인식된 바이러스에 맞서 행동하는 법을 알게 된다.

일반적 백신 개발 과정의 첫 단계는 해당 바이러스에 대응할 수 있는 후보물질 발굴로부터 시작되며, 바이러스의 화학적 구조와 정보 및 해당 바이러스를 제어하는 물질을 찾기 위해 수십만에서 수백만 개의 화합물을 탐색한다. 이후 범위를 좁혀 선도물질 도출하는 과정에서 많은 수의 화합물을 합성하거나 유전자 재조합 기술을 적용하기도 한다. 이러한 후보물질 발굴에 이어 비임상시험과 임상시험, 식약처 검토 및 승인까지 일반적으로 백신 개발과 상용화에는 평균 10~15년이 소요된다고 한다.

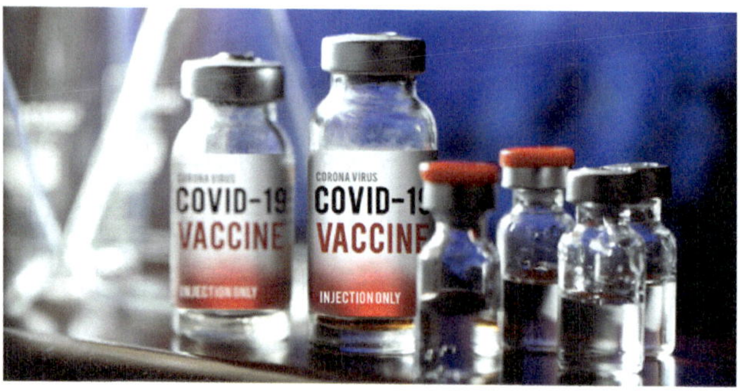

[그림 7] 가상 코로나 백신을 형상화한 이미지[3]

코로나-19 바이러스 백신의 경우 인공지능과 전 세계의 협업을 통해 기존의 백신이나 백신 후보물질을 활용하여 개발 기간을 극도로 단축하는 과정을 거쳤다고 한다. 비록 완전히 해소되지는 않았지만 코로나-19 바이러스로 인한 위기 극복에 의료계뿐 아니라 사회 구성원 모두의 인내와 슬기가 빛을 발하였다. 그리고 이러한 과정에서 합성화학물질을 비롯한 화학적 지식의 역할 또한 매우 중요했음을 인지해야 한다.

❹ 마무리하며

이와 같이 합성화학물질은 의약품으로서 인류의 생존과 건강에 커다란 기여를 해 왔다. 물론 상당수의 합성화학물질에는 큰 위험이 존재하며 의약품만 하더라도 정확한 용법을 지키지 않는다면 치명적인 독성을 나타낼 수도 있다. 수많은 화학물질의 특성을 일반 시민들이 알기는 매우 어렵기에 제한된 정보 상황에서 오해와 낙인, 그리고 편견은 자연스러운 과정일 수 있다. 비유한다면 마치 산에 한가득 자란 버섯 중에 무엇이 독버섯인지 아닌지 모른다면 전부를 조심함이 오히려 합리적인 판단이지 않을까? 하지만 버섯 전문가가 올바른 정보를 제공한다면 사람들은 안심하고 몸에 유익한 버섯을 섭취할 수 있으며 버섯 자체를 먹지 말고 더 비싼 다른 음식을 구매하라는 속임수에도 대처할 수 있다. 이처럼 여러 합성화학물질에 대한 정확한 정보와 화학의 유용성 및 한계점을 대중에게 알리는 역할은 매우 가치 있고 소중하며 이러한 발걸음을 우리 과학을 사랑하는 학생들이 이어갔으면 하는 작은 희망을 가져 본다.

참고문헌

1 사진출처 : bacteriainphotos

2 출처 : 감염의 전장에서

3 출처 : iStock Images

4 Hager, Thomas(2006), The Demon Under the Microscope : From Battlefield Hospitals to Nazi Labs, One Doctor's Heroic Search for the World's First Miracle Drug. 노승영 역(2020). 〈감염의 전장에서 : 최초의 항생제, 설파제는 어떻게 만들어져 인류를 구했나〉, 서울 : 동아시아.

5 송영구(2012), 항생제 개발의 역사 및 현황, Infect. Chemother. 44(4), 263–8.

6 질병관리청 홈페이지. https://www.cdc.go.kr/nohas/common/main.do

05 생물 : 코로나 19에 관한 19가지 질문

이영만 아주대학교 다산학부대학 교수
아주대학교 과학영재교육원 중등생물융합 사사반 지도교수

'지피지기면 백전불태'(상대를 알고 나를 알면 백 번 싸워도 위태롭지 않다)라는 말이 있다.

코로나 19에 대해 제대로 알아야 치료도 할 수 있고 대처도 할 수 있다.

❶ 코로나 19는 무엇인가?

코로나 19는 '코로나바이러스감염증-19'의 줄임말이다. 영어로는 'Covid 19'라고 하고 'Covi'는 coronavirus(코로나바이러스), 'd'는 disease(질병), '19'는 2019년을 의미한다. 정확하게 말하자면, 'SARS-CoV-2 감염에 의한 호흡기 증후군'이라고 하는 질병의 이름이다. 여기서 SARS는 '중증 급성 호흡기 증후군'을 말한다. SARS-CoV-2는 코로나바이러스에 속하며 지금까지 알려지지 않았던 새로운 바이러스로 코로나 19를 일으키는 바이러스의 이름이다.

❷ 팬데믹이란 무엇인가?

팬데믹(pandemic)이란 전세계적으로 유행하는 감염을 말한다. 대유행, 범유행이라고도 한다. 세계보건기구(WHO)에서 팬데믹을 선언한 것은 이번이 3번째인데 이전에는 1968년 홍콩 독감, 2009년 6월 신종 플루(인플루엔자 A)가 유행할 때 팬데믹을 선언했다. 그렇다고 팬데믹에 해당할만한 전 세계적인 질병이 단 2번만 있었던 것은 당연히 아니다. 많은 질병들이 인류를 끊임없이 괴롭혀 왔었고 지금도 괴롭히고 있는데, 페스트, 스페인독감, 천연두, 결핵, 에이즈 등이 대표적인 예다. 이 중엔 세균이 원인인 병도 있고 바이러스가 원인인 병도 있다.

❸ 바이러스란 무엇인가?

바이러스는 핵산과 단백질로 구성된 감염성 입자를 의미한다. 한마디로 단백질이 핵산을 싸고 있는 것이라고 보면 된다. 핵산은 RNA나 DNA를 말하는 것이고 이것을 단백질 껍데기가 둘러싸는데, 이 단백질 껍데기를 캡시드(capsid)라고 한다. 어떤 바이러스들은 숙주세포에서 유래한 지질성분의 외피로 둘러싸여 있기도 하다.

바이러스는 혼자서는 증식하지 못하고 숙주 세포가 반드시 필요하다. 바이러스가 끊임없이 인간을 괴롭혀 왔지만 사실 대부분의 바이러스는 인간과는 관련이 없다. 생명체가 있는 곳이면 어디든지 바이러스가 존재한다고 보면 되는데 99.9%는 인간하고는 상관없이 존재한다. 바닷물 1L 속에 바이러스 입자가 10억 개가 있다고 한다.

바이러스를 생물로 보기에는 한계가 있지만 생물의 특징을 어느 정도 가지고 있기는 하다. 살아있는 생물을 정확하게 정의하기는 어렵지만, 요약하자면, 세포로 구성되고, 유전물질인 DNA를 가지며, 물질대

사와 자극에 대한 반응을 하고, 유전정보가 조금씩 변하면서 진화를 하는 것이 모든 생명체의 특징이다. 바이러스는 유전물질을 가지고 있어서 숙주 세포 내에서는 증식이 가능하다.

❹ 핵산과 단백질은 무엇인가?

핵산은 DNA나 RNA를 말하고, 둘 모두 뉴클레오타이드라고 하는 단위 물질이 죽 길게 연결된 큰 분자이다. 뉴클레오타이드는 염기, 당, 인산이 붙어있는 구조이며 이 중 DNA를 구성하는 염기에는 아데닌(A), 구아닌(G), 시토신(C), 타이민(T)라고 부르는 네 가지 종류가 있다. 바로 이 염기들의 연결 순서에 따라 단백질의 아미노산 순서가 결정된다. 아미노산들이 길게 붙으면 단백질이 되는데, 이 단백질들이 거의 대부분의 생명현상을 실질적으로 일으킨다.

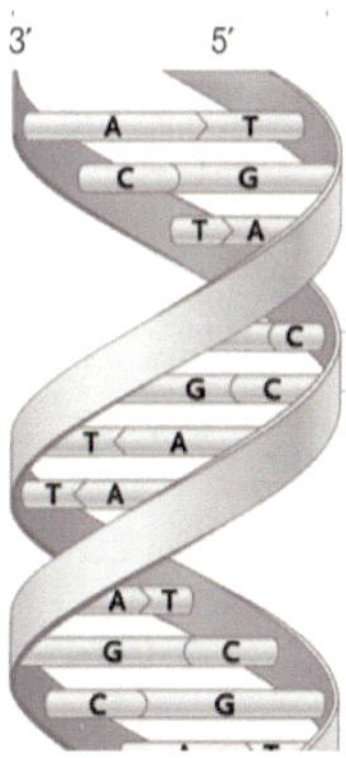

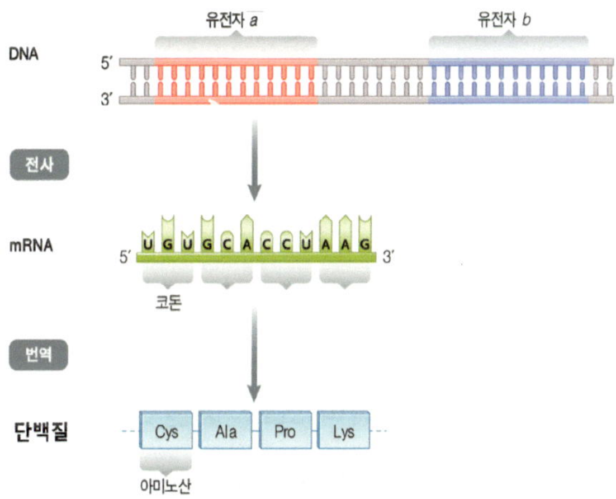

[그림 1] DNA의 구조

❺ 바이러스는 어떻게 증식할까?

바이러스 혼자서는 증식할 수가 없고, 반드시 다른 세포 속에 침입하여 숙주세포가 가진 물질을 이용하여 증식한다. 마치 가정집으로 침투하는 좀도둑으로 비유할 수 있겠다. 가족들이 먹을 쌀도 사고 요리 재료도 사놓았는데, 좀도둑이 몰래 들어와서 자기가 밥을 해먹어 버리는 것과 비슷하다. 바이러스는 일단 숙주세포에 붙은 후, 핵산을 세포 속으로 집어넣고 숙주세포가 가지고 있는 효소나 재료들을 이용하여 바이러스 자신의 핵산과 단백질을 만든다. 이렇게 자기와 똑같은 자손 바이러스를 만든 후에는 숙주세포 밖으로 나가서 또 다른 숙주세포를 찾아간다.

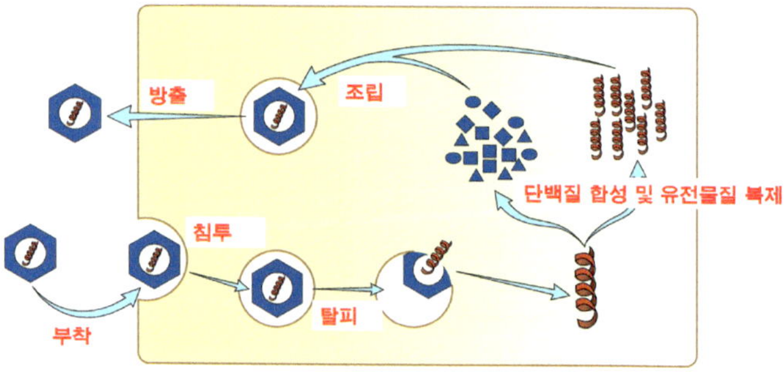

[그림 2] 바이러스의 생활사[1]

❻ 바이러스는 얼마나 크고, 어떤 모양으로 생겼을까?

바이러스의 구조는 매우 다양한데 일반적으로 다면체 구조이다. 다면체 중에서도 정20면체이다. 만약 다면체가 아니라면 담배모자이크 바이러스처럼 나선형 구조이다. 혹은 그것도 아니라면 인지질 이중층의 외피를 가지고 있다. 또한 더욱 특이하게 생긴 바이러스가 있는데, 마치 달착륙선처럼 생긴 박테리오파지(세균을 감염시키는 바이러스)다. 우주선이 달 표면에 살며시 앉듯이 바이러스가 세균 세포의 표면에 들러붙는다.

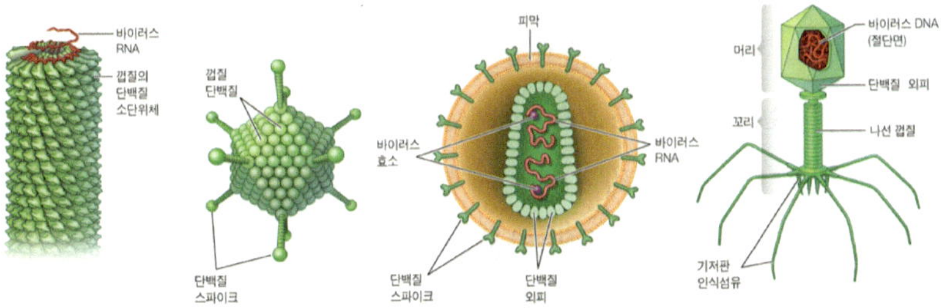

[그림 3] 바이러스의 다양한 구조[2]

바이러스의 크기는 0.03-0.3 μm로 세균보다 대략 10배 쯤 작다. 또 세균은 사람의 세포보다도 대략 10배 쯤 작다. 사람의 세포를 머리카락 한 올의 단면에 약 10개 쯤 늘어놓을 수 있다고 보면 바이러스가 얼마나 작은지 감이 올 것이다.

생각해 볼 문제 컴퓨터 바이러스는 생물을 감염시키는 바이러스와 무엇이 비슷하고 무엇이 다를까?

❼ SARS-CoV-2란?

처음에는 우한에서 발생한 폐렴의 원인을 몰랐지만, 환자의 폐포 세척액을 전자현미경으로 관찰하여 돌기를 가진 바이러스를 확인하였고,

염기서열을 분석하여 코로나바이러스임을 알게 되었다. 코로나바이러스는 RNA를 유전체로 가지며 스파이크단백질과 외피를 가진 바이러스이다. '코로나'라는 이름은 코로나바이러스가 가진 표면의 돌기 모양의 단백질(스파이크라고 부름)이 왕관을 닮았기 때문이다. SARS-CoV-2의 스파이크 단백질이 우리 몸의 세포의 ACE-2라고 하는 세포막 단백질과 결합해야만 세포 내부로 침투할 수 있다. 마치 열쇠로 어떤 집의 자물쇠를 여는 것과 비슷하다. 자물쇠가 열려야 집안으로 들어갈 수 있듯이, 바이러스의 표면 단백질과 숙주세포의 수용체라고 부르는 막단백질이 정확히 결합해야 바이러스가 세포 속으로 들어갈 수 있다.

[그림 4] 천산갑

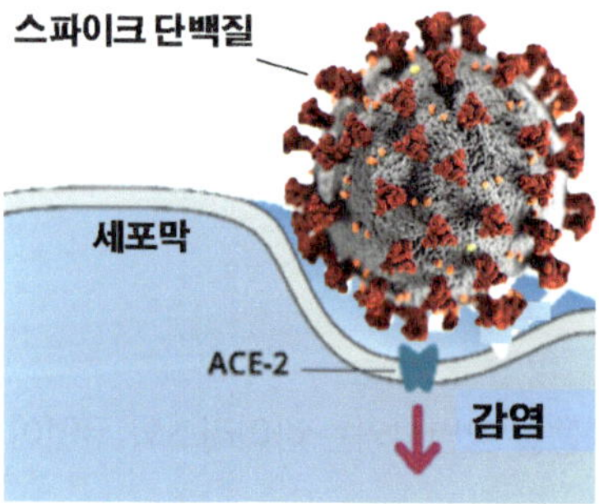

원래 코로나바이러스는 가벼운 감기를 일으키는 바이러스 중 하나였다. 코로나바이러스에 의한 심각한 질병은 2003년의 사스(SARS-CoV-1), 메르스(MERS)가 있었고 코로나 19가 세 번째이다. 다른 바

이러스들과 비교 결과, SARS-CoV-1과는 염기 서열이 80%가 일치하였고 박쥐의 코로나바이러스와는 96%가, 천산갑과는 91%가 일치하였다. 그래서 이 바이러스가 박쥐로부터 유래하여 천산갑을 거쳐 인간에게 전파된 것이라 추측하게 되었다. (천산갑은 멸종위기종이지만 약재로 쓰이기 위해 불법 포획된다고 한다.)

❽ 신종 바이러스란?

SARS-CoV-2처럼, 말 그대로 지금까지 전혀 알려지지 않았던 새로운 바이러스를 말한다. 신흥 바이러스라고도 하는데, 갑자기 이런 바이러스들이 어디서 나타난 걸까? 신종 바이러스가 생기는 주요 원인은 우선, 돌연변이이다. 돌연변이란 핵산을 복제하는 과정에서 염기서열이 바뀌는 것을 말한다. 특히 RNA 바이러스들은 복제과정에서 실수를 고치는 능력이 없어서 돌연변이가 더 심하다. 염기서열이 바뀌면 유전정보가 바뀐다는 것이고 따라서 단백질 껍데기의 모양이 바뀔 수 있다. 돌연변이로 인해 열쇠 역할을 하는 스파이크 단백질의 모양이 변하면 이전의 수용체가 아닌 다른 모양의 수용체에 결합할 가능성이 생긴다. 즉, 숙주세포가 바뀔 수 있다. 보통 한 바이러스는 한 종의 동물만을 감염시키는데, 돌연변이 때문에 이런 식으로 다른 종의 세포 속으로 들어갈 수 있게 된다. 또 다른 이유는 열대우림의 개발이다. 열대우림 파괴로 숲속 야생동물과 사람이 만날 기회가 늘어나서 야생동물로부터 사람에게로 바이러스가 옮겨올 수 있다. 그 외 여행과 무역이 세계화되면서 이번 코로나19처럼 특정 지역에서 감염된 사람들이 전 세계적으로 바이러스를 퍼뜨리는 것이다.

⑨ 왜 박쥐인가?

에볼라 바이러스나 메르스 코로나 바이러스 등 많은 신종 바이러스가 박쥐로부터 왔다고 생각된다. 박쥐는 날 수 있는 유일한 포유류이다. 날개 짓 때문에 체온이 높다. 체온이 높다보니 바이러스가 증식을 많이 하지 못하고 면역계도 활발해진다. 즉, 박쥐에 있는 바이러스는 박쥐에게 그다지 치명적인 손상을 주지 못한다. 박쥐는 또 단체생활을 하기 때문에 바이러스가 다른 박쥐에게 쉽게 퍼진다. 게다가 개체 수가 엄청나게 많아서 이곳저곳 날아다니며 바이러스를 쉽게 퍼뜨릴 수 있다. 그렇다고 박쥐에게 모든 죄를 뒤집어씌우면 안 된다. 결국 숲을 파괴하여 야생동물과 접촉을 더 많이 하게 된 인간이 문제인 것이다. 박쥐는 해로운 곤충을 잡거나 식물의 꽃가루받이에 관여하여 긍정적인 기여를 하는 동물이다.

⑩ SARS-CoV-2 전파와 침투 경로는?

이렇게 박쥐에서 천산갑을 통해 사람에게 감염이 되었다고 추측되며, 감염된 사람으로부터 또 다른 사람에게 전염된다. 감염된 사람이 말을 하거나 기침을 하게 되면 침(비말)이 튀게 된다. 기침 한 번에 비말 약 3000개가 나오며 비말 한 방울에 100개~100,000개의 바이러스가 들어있다고 한다. 이 비말이 중력에 의해 가라앉긴 하지만 그전에 2 m까지는 퍼져 나갈 수 있고, 그래서 거리두기 2 m란 사실은 다들 알고 있을 것이다. 비말은 퍼지면서 물이 증발되므로 크기가 작아져서 에어로졸이 되는데, 에어로졸은 가벼우니 금방 가라앉지 않고 멀리 퍼질 수 있다. 이를 통해 감염되면 이를 공기 감염이라고 말하는데 SARS-CoV-2가 공기 전파가 되는지는 논란이 되고 있다. 방울이 작아지면 담을 수 있는 바이러스 수도 작아지기 때문에, 멀리 퍼지긴 하지만 그 속에는 사람을 감염시킬만한 충분한 수의 바이러스가 들어있지 않을 수도 있다. 역시 확실히 밝히기에는 시간이 더 필요하다. 어쨌든, 밀폐된 곳에서는 창문을 열어 환기를 시켜야만 바이러스가 농축되는 걸 방지할 수 있다.

감염자의 침방울에 직접 노출되든지 혹은 침방울이 묻은 물체를 손으로 만진 후 손을 얼굴로 가져가면 코나 입을 통해 호흡기로 바이러스가 들어갈 수 있다. 실제로 우리는 무의식적으로 얼굴을 손으로 매우 자주 만진다고 한다. SARS-CoV-2는 비말에서 3시간, 종이에서 하루, 플라스틱이나 강철에서 2~3일간 생존한다고 알려져 있다.

SARS-CoV-2 침투에 필요한 수용체 단백질인 ACE2를 만드는 세포가 사람의 호흡계와 장 그리고 신장 등에 넓게 존재한다. 이런 세포들에 바이러스가 침투하여 세포를 죽이기 때문에 감염되면 호흡이 힘들어지거나 폐렴, 발열, 기침, 설사 등의 증상이 나타난다.

⑪ KF94 마스크란?

KF80 보건용 마스크는 평균 0.6 ㎛ 크기의 미세입자를 80% 이상 걸러낼 수 있다. KF94, KF99는 평균 0.4 ㎛ 크기의 미세입자를 각각 94%, 99% 이상 걸러낼 수 있다. 바이러스가 0.4 ㎛ 보다 작기 때문에 마스크가 바이러스 입자 자체를 막을 수는 없다. 하지만, 비말은 막을 수 있기 때문에 마스크를 잘 쓰는 것이 필요하다.

⑫ 왜 2주 격리인가?

대부분 알고 있는 사실이지만, 잠복기가 최대 2주 쯤 되기 때문에 격리기간이 2주이다. 잠복기란 바이러스가 증식했지만 아직 표적 장기에 도달하지 못했거나 질병이 일어날 만큼의 조직 손상이 일어나지 않은 시기이다. 코로나 19의 경우 사람마다 매우 다양하지만, 잠복기는 평균적으로 대략 5일이며, 99%의 사람이 2주 이전에 증상이 나타난다고 한다. 그래서 자가격리 기간이 2주이다.

⑬ 면역반응이란?

우리 몸의 방어 체계인 면역계는 크게 선천면역과 적응면역(후천면역)으로 나뉜다. 선천면역의 구성요소에는 염증반응, 인터페론, 자연살생세포 등이 있다. 바이러스가 침입하면, 자연살생세포가 바이러스에 감염된 세포를 골라서 죽이며, 감염된 세포는 인터페론이라는 신호물질을 내어 주변 세포에 알린다. 병원체가 침입한 곳의 면역세포들이 사이토카인이라고 하는 신호물질을 내면 혈액 속 면역세포가 그 조직으로 몰리며 조직이 붓는 등의 염증반응이 일어난다. 적응면역은 특정한 병원체를 기억하며, 항체에 의한 체액성 면역과 세포가 직접 관여하는 세포성 면역으로 구별된다. 항체는 병원체에 특이적으로 결합하며 항체가 결합한 병원체는 결국 대식세포에 의해 분해되거나, 항체에 의해 무력화되어 표적세포에 도달하지 못한다. 독성 T세포 역시 바이러스에 감염된 세포를 죽인다.

⑭ 집단 면역이란?

대부분의 사람들이 면역이 되어 있는 집단(나)과 그렇지 않은 집단(가)에서, C가 A로부터 전염될지 아닐지를 살펴보자. (가)에서는 B를 통해 C가 감염된다. (나)에서는 C가 면역이 안 되어있지만, B가 면역이 되어 있는 덕분에 감염이 되지 않는다. 이것이 집단면역의 원리를 단순화시켜 보여준 것이다. 만약 코로나 백신이 나온다면, 나뿐 아니라 남을 위해서도 꼭 접종을 하도록 하자.

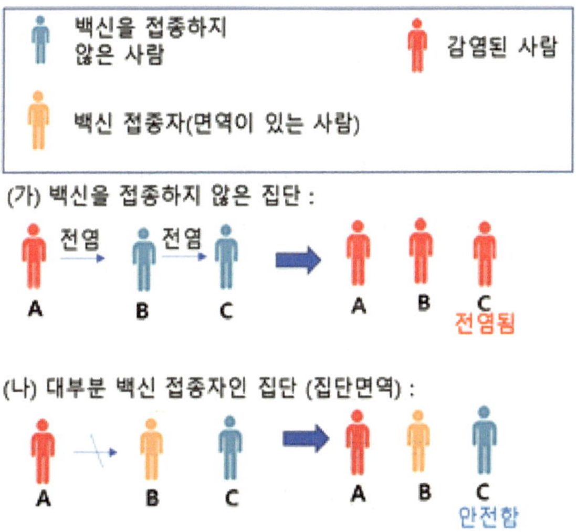

⑮ 백신이란?

백신은 한마디로 인위적으로 만든 항원이라고 보면 된다. 항원이란 면역반응을 일으키는 물질이며, 특정한 항원을 닮은 백신을 몸으로 주입하면 백신에 결합하는 항체가 준비된다. 이후 실제로 이 항원이 들어왔을 때 이 항체가 항원에 결합하여 붙잡아둔다. 진짜 바이러스를 몸에 주입할 수는 없으므로 바이러스 표면의 일부 단백질, 혹은 해가 없도록 약하게 만든 바이러스를 백신으로 쓰는 경우가 많다. 코로나 19 백신이 개발된다면 코로나 바이러스에 감염되지 않도록 미리 준비를 할 수 있고 이 사태도 빨리 진정될 것이다. 중요한 것은 우리 몸에서 부작용이 없는 백신을 만들어야 하는데 시간이 많이 걸리는 일이다. 또한 바이러스가 돌연변이로 모양을 바꿔버리면 개발되었던 백신도 무용지물이 된다.

⑯ 치료제의 원리는 무엇인가?

백신은 예방을 위해 필요한 것이고, 치료제는 이미 감염된 사람에게 필요한 것이다. 바이러스에 의한 질병을 치료하려면, 바이러스가 세포로 침입하지 못하도록 하거나, 바이러스의 증식 과정을 막는다든지 여러 방법이 있다. 치료제를 만들고 안전한지 판단하기까지 엄청난 시간이 걸리기 때문에 지금과 같은 긴박한 상황에서는 이미 만들어진 다른 바이러스의 치료제를 테스트해보고 있다. 그 중 하나는 렘데시비르라고 하는 에볼라 출혈열 치료 약품으로, 램데시비르의 모양이 마치 핵산을 구성하는 염기와 닮았다. 그래서 바이러스가 자신의 핵산 복제를 위해 렘데시비르를 이용하려다 복제에 실패하여 증식을 못하는 것이다. 마치 좀도둑에게 진짜 음식이 아닌 모형으로 만든 음식재료를 일부러 준비해주는 것에 비유할 수 있다. 그 외에 에이즈 치료제인 칼레트라가 있었는데 이것은 단백질 분해효소를 방해하여 바이러스 증식을 막는다.

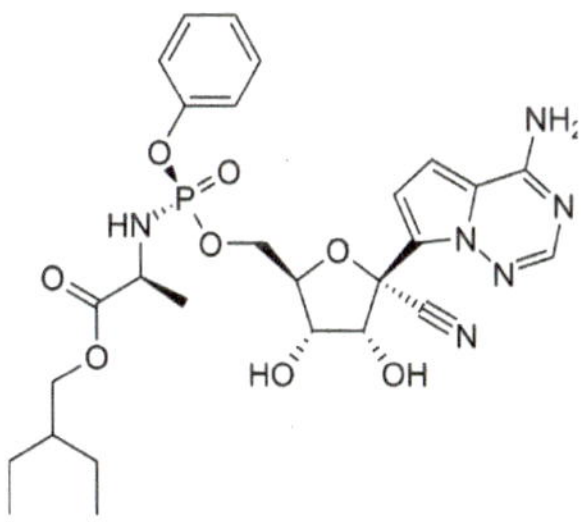

[그림 5] 렘데시비르

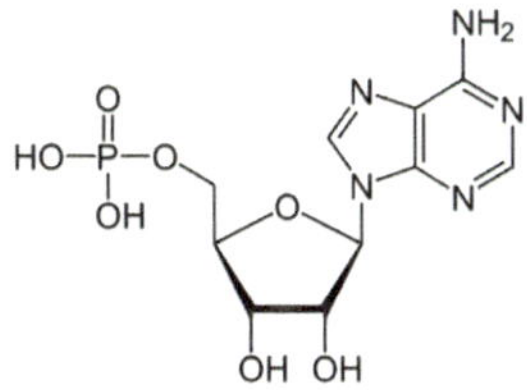

[그림 6] RNA의 재료 중 하나

⑰ 혈장치료는 무엇인가?

코로나 감염되었다가 회복된 사람들은 혈액 속에 SARS-CoV-2에 대한 항체를 가지고 있을 것이므로, 이 항체를 현재 감염된 사람에게 이용할 수 있다. 항체가 생긴 사람들의 혈장을 감염된 사람에게 주입하면, 혈장 속의 항체가 바이러스와 결합하여 바이러스를 무력화시킬 수 있다.

⑱ 핵산 검사와 항체 검사의 차이는?

우리 몸속에 바이러스가 있는지 알려면, 바이러스 입자나 핵산을 검출하거나, 몸에서 바이러스에 대한 항체가 있는지 검사하면 된다. 코나 목에서 체액을 채취하여 SARS-CoV-2만 가지고 있는 특정한 염기서열과 PCR(중합효소 연쇄반응)을 이용하면 핵산이 있는지 알 수 있다. PCR이란 특정한 DNA 분자의 양을 증폭시키는 방법이다. 반면 항체를 검출하는 방법은 항원을 이용하면 할 수 있는데 검사 시간 자체는 PCR 핵산 검사보다 빠르지만, 바이러스에 감염된 지 일주일 이상은 지나야 몸에서 항체가 생기므로 그 사이에는 진단이 어렵다.

⑲ 손씻기의 효과는?

물이 바이러스와 피부 사이의 결합을 끊어주므로 물로만 씻어도 바이러스는 떨어져나간다. 하지만 바이러스를 파괴하지는 못한다. 코로나바이러스는 지방질의 외피를 가지므로 비누로 씻으면 외피를 파괴할 수 있고 이 바이러스의 감염력을 없앨 수 있다. 또한 알코올도 외피를 파괴할 수 있는데, 비누보다는 느리게 작용한다고 한다.

생각해 볼 문제 코로나19로 인해 불편했던 점을 생각해보고 이를 해결하기 위한 아이디어를 내보자.

참고문헌

1 출처 : 바이러스학, 라이프 사이언스

2 출처 : 생명과학 기초와 응용, 라이프 사이언스

3호

과학의 탐구와 혁신

1. 수학 : Recreation 활동을 통한
   Re-Creation Math
2. 정보 : 보안이란?
3. 물리 : “양자역학” 그 놀라운 세계에 대하여
4. 화학 : 유기화학과 유기전자공학
5. 생물 : DNA에 대해 더 알고 싶은 것들

01 수학 : Recreation 활동을 통한 Re-Creation Math

송상헌 경인교육대학교 수학교육과 교수
아주대학교 과학영재교육원 초등수학융합 심화반·
중등수학융합 사사반 지도교수

❶ 들어가며

이번 CML 3호에서 저는 순수 수학자가 아닌 수학영재교육을 전공한 수학교육자의 입장에서 글을 써 보려고 합니다. 제가 오늘 소개하는 소재는 초등학교 수학 5-2 교과서에도 등장하는 '칠교판'입니다. 칠교판(七巧板)은 '지혜의 판', '칠교놀이', '탱그램(tangram)' 등과 같이 부르기도 합니다. 칠교판은 초등학생들도 이해할 수 있는 쉬운 내용이지만 중학생들도 아직 해결할 수 없는 부분들도 많습니다. 그러나 영재들은 주어진 문제를 해결하는 수준을 넘어 보다 우아한(깔끔한, 일반화된) 해법을 찾고 칠교판 자체를 변형하거나 발전시켜 새로운 탐구를 시도해보려는 태도와 의지가 생겨나 창조적 지식의 생산자가 되기를 기대합니다.

❷ 레크리에이션 수학을 리크리에이션 수학으로

레크리에이션이란 '만족, 희열, 즐거움, 휴양, 기분 전환 등의 요소를 충족시키고자 하는 인간의 욕구에 의해 여가 시간에 자발적으로 행하는 건설적이고 창조적인 모든 정신적, 육체적 활동'이라고 정의[1]하고 있습니다. 수학 내용을 소재로 하거나 수학적인 방법이 포함된 여러 가지 놀이, 퍼즐, 게임 등이 모두 '레크리에이션 수학'에 포함됩니다. 하지만 영재라면 과거 지식의 소비자를 넘어 미래 지식의 생산자들이 되어야 하므로 활동으로서의 레크리에이션을 리크리에이션 해 낼 수 있어야 합니다.

Re-Creation(리크리에이션)은 recreation(레크리에이션, 놀이)의 어원인 라틴어 '레크레아싸오(recreatio)'의 본래적 의미인 복구(recovery), 회복(restoration)하고 새롭게 함(re-new)을 되살리려면 단지 육체의 회복(휴식)을 넘어 인간적 본성으로서의 잃어버린 마음(mind)인 지성과 창의성도 포함되어야 할 것입니다. 그것이 수학 관련 분야에서 이루어질 때 Re-Creation Math(수학 재창조)이 되는 것입니다. [그림 1]처럼 내용적 의미에서의 Recreational Math와 방법적 의미에서의 Mathematical Recreation을 결합하여 Re-Creation Mathematics가 탄생합니다. "수학 재창조"란 수학이라는 내용을 재발견/재발명/재창조하는 방법과 그 과정에서 재발견/재발명/재창조된 결과물을 모두 포함합니다. [그림 2]처럼 레크리에이션 수학의 재창조(재구성)을 통해 리-크리에이션 수학이 탄생하려면 학습자의 태도와 의지가 중요합니다[2].

▶ Recreational Mathematics(레크리에이션 수학)

수학적 사고로 탐구한 소재 또는 흥미를 가지고 수학 학습에 적극적으로 아동을 참여시키기 위해 레크리에이션의 방법적 요소를 수학에 접목한 역사적 산출물(내용 수학)

㉎ 마방진, 스도쿠, 하노이탑, 칠교판, 소마큐브, NIM 등의 수리 퍼

즐이나 게임

▶ Mathematical Recreation(수학적 레크리에이션)

레크리에이션(활동)을 활용하되 수학적인 방법을 가미한 구성적 사고 활동(수학적 방법)

㉠ 성냥개비 퍼즐, 매듭 풀기(실뜨기), 빙고게임, 윷놀이, 3-6-9 게임, 배스킨라빈스 31, 칠교로 모양 만들기, 소마큐브로 구조물 만들기 등

▶ Re-Creation Mathematics(리-크리에이션 수학)

전통적인 레크리에이션 수학에다 교육적인 의미와 가치를 고려하면서 보다 창조적이고 능동적으로 재구성, 재창조해 나가는 모든 수학적 사고 활동과 그 산물(방법과 내용의 통합 수학)

㉠ 주사위 윷놀이, 변형 하노이탑, 유사 탱그램, 변형 소마큐브 등

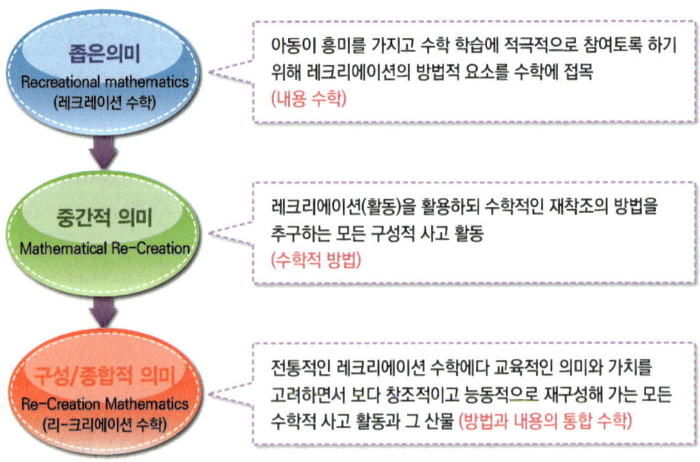

[그림 1] 리-크리에이션 수학의 의미

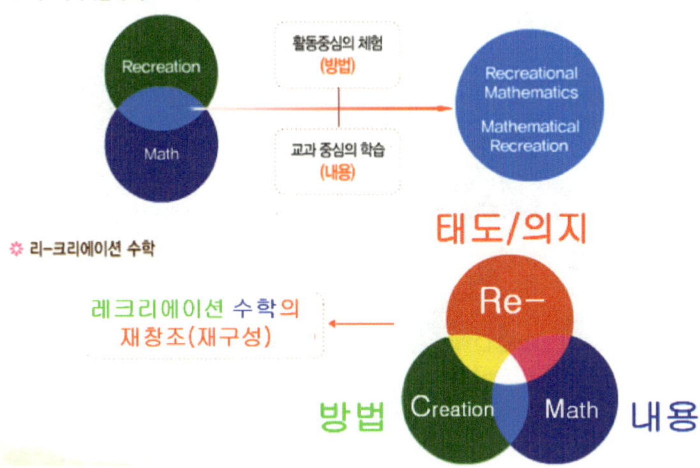

[그림 2] 레크리에이션 수학을 리-크리에이션 수학으로

❸ 리크리에이션 수학의 사례 – 칠교판을 중심으로 –

1) 전통 칠교판(탱그램)

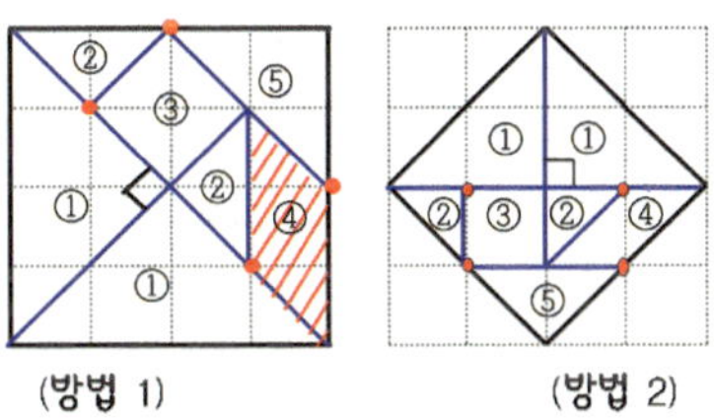

※ 빗금친 부분은 뒤집은 조각을 나타냄

아래의 ③번 조각을 기준으로

조각		모각들의 각도	변의 길이	넓이
번호	이름	(단위 °)	(단위 ㎝)	(단위 ㎝²)
①,①	직각이등변삼각형	45°, 45°, 90°	$2, 2, 2\sqrt{2}$	2
②	직각이등변삼각형	45°, 45°, 90°	$1, 1, \sqrt{2}$	$\frac{1}{2}$
③	정사각형 기준	90°, 90°, 90°	1, 1, 1, 1	1
④	평행사변형	45°, 135°, 45°, 135°	$1, \sqrt{2}, 1, \sqrt{2}$	1
⑤,⑤	직각이등변삼각형	45°, 45°, 90°	$\sqrt{2}, \sqrt{2}, 2$	1

45, 90, 135 45도의 배수 4가지뿐 | 1, 1.4, 2, 2.8 | $\frac{1}{2}$, 1, 2 3가지뿐

[그림 3] 칠교판 각 조각들의 특징

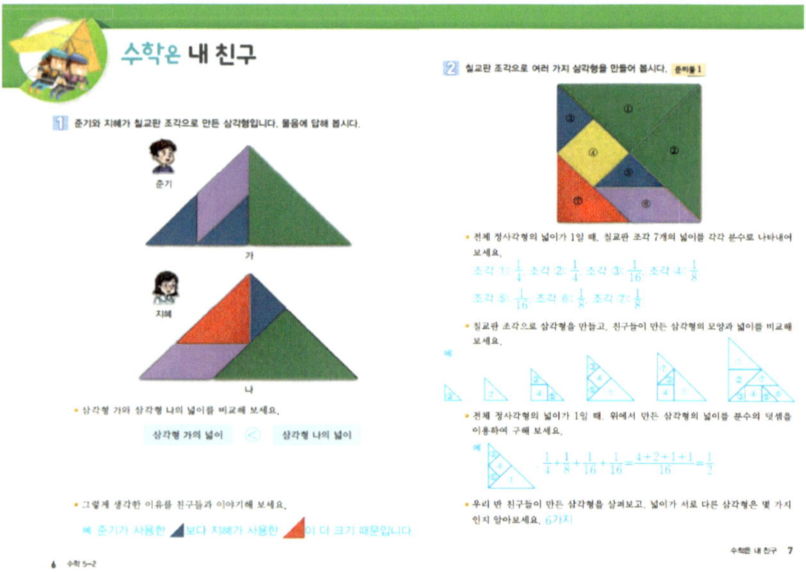

수학은 내 친구

1 준기와 지혜가 칠교판 조각으로 만든 삼각형입니다. 물음에 답해 봅시다.

준기

가

지혜

나

- 삼각형 가와 삼각형 나의 넓이를 비교해 보세요.

삼각형 가의 넓이 < 삼각형 나의 넓이

- 그렇게 생각한 이유를 친구들과 이야기해 보세요.

예 준기가 사용한 ◢보다 지혜가 사용한 ◢이 더 크기 때문입니다.

6 수학 5–2

2 칠교판 조각으로 여러 가지 삼각형을 만들어 봅시다. 준비물 1

- 전체 정사각형의 넓이가 1일 때, 칠교판 조각 7개의 넓이를 각각 분수로 나타내어 보세요.

조각 ①: $\frac{1}{4}$, 조각 ②: $\frac{1}{4}$, 조각 ③: $\frac{1}{16}$, 조각 ④: $\frac{1}{8}$

조각 ⑤: $\frac{1}{16}$, 조각 ⑥: $\frac{1}{8}$, 조각 ⑦: $\frac{1}{8}$

- 칠교판 조각으로 삼각형을 만들고, 친구들이 만든 삼각형의 모양과 넓이를 비교해 보세요.

예

- 전체 정사각형의 넓이가 1일 때, 위에서 만든 삼각형의 넓이를 분수의 덧셈을 이용하여 구해 보세요.

예 $\frac{1}{4}+\frac{1}{8}+\frac{1}{16}+\frac{1}{16}=\frac{4+2+1+1}{16}=\frac{1}{2}$

- 우리 반 친구들이 만든 삼각형을 살펴보고, 넓이가 서로 다른 삼각형은 몇 가지인지 알아보세요. 6가지

수학은 내 친구 7

[그림 4] 수학 5–2 교과서(6~7쪽)

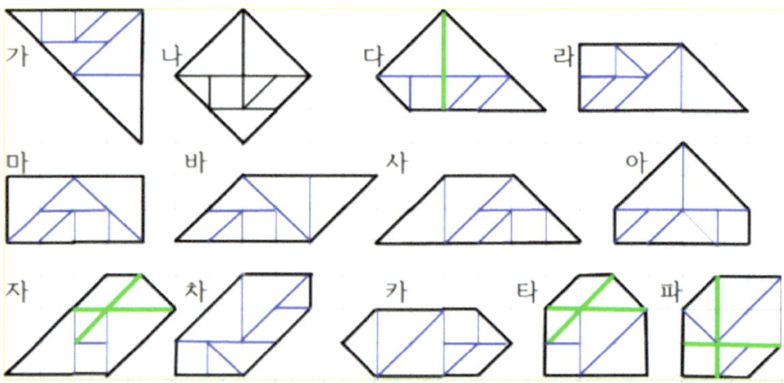

도형의 번호	가	나	다	라	마	바	사	아	자	차	카	타	파	계
내부 선분의 개수(A)	6	5	5	6	6	6	6	6	5	6	6	5	5	73

[그림 5] 칠교판 7조각을 모두 사용하여 만들 수 있는 볼록다각형들의 종류(13가지)와 깔끔한 해법

탐구 1-1 칠교판을 그리는 [그림 1]의 (방법 1)과 (방법 2)에서 각 조각들의 특징과 공통점, 차이점을 비교해 보세요.

탐구 1-2 칠교판 일부 또는 전부를 사용하여 만들 수 있는 크기가 다른 (1) 삼각형, (2) 사각형, (3) 다각형은 모두 몇 개일까?

탐구 1-3 칠교판의 일곱 조각을 모두 사용하여 만들 수 있는 다각형은 모두 13개뿐임을 증명하시오.

탐구 1-4 각 도형들의 해법에서 내부 선분의 수를 A, 뒤집은 조각 수를 B라 할 때, 각 해법마다 A(B)로 쓰고 A+B를 '깔끔 지수'(elegance index)라 하자. 칠교판의 일곱 조각을 모두 사용하여 만들 수 있는 각 다각형들에서 깔끔 지수들과 그들의 최소합을 구하시오.

[탐구 1-1]은 칠교판 조각들의 특징을 이해하는 기본 탐구활동입니다. 칠교판 조각들은 정사각형 격자판을 가로, 세로, 대각선 방향으로만 자른 것이므로 45°의 배수로 이루어졌으므로 조각들의 변의 길이는 4가지, 넓이는 3가지뿐이며 이들은 서로 배수의 관계입니다. 따라서 조각들을 서로 이어붙일 수가 있고 일부 조각을 이용하여 다른 조각을 만들 수도 있습니다. 7조각들 중 중간 크기의 평행사변형은 선대칭도형이 아니므로 뒤집었을 때 다른 모양이 됩니다. 칠교판 7조각을 모두 사용하여 만들 수 있는 정사각형의 해법은 조각들의 위치를 아무리 바꾸더라도 전체 정사각형을 뒤집거나 돌리면 늘 동일한 배열이 나오므로 해법은 유일하다는 것을 경험적으로 확인하고 이론적으로 증명할 수 있습니다. 그러나 칠교판 조각의 일부분만 사용하는 경우는 합동인 다각형이라도 그 해법은 다를 수 있습니다. 따라서 일부 조각의 배열은 달라도 전체 테두리의 다각형의 크기(넓이)를 기준으로 탐구할 필요가 있습니다.

[그림 4]처럼 5-2 교과서에서 칠교판 일부 또는 전부를 사용하여 만들 수 있는 크기가 다른 삼각형은 경험적으로 6개뿐임을 확인할 수 있습니다. 그런데, 왜 6개뿐일까요? 이를 이용하여 아래의 [탐구 1-2]처럼 다각형의 종류를 더 확장하여 탐구해 볼 수도 있고 [탐구 1-3]처럼 크기를 고정한 경우는 13가지뿐임이 이미 알려져 있으므로([그림 5] 참조) 이를 수학적으로 증명할 수도 있습니다. 그리고 [그림 5]와 [탐구 1-4]처럼 13가지 도형들마다 더 깔끔한 해법을 찾아볼 수도 있습니다.

이러한 주어진 문제해결 외에도 '딴죽걸기'를 통해 전통 칠교판의 문제점을 분석할 수도 있고 '조건 변경'을 통해 새로운 유사 탱그램을 탐구할 수도 있습니다.[3]

예를 들어, 다음과 같은 질문을 던져볼 수 있습니다.

(1) 조각들의 색에 대하여 : "칠교판 조각들의 색은 어떤 기준일까? 그렇다면 같은 모양과 같은 크기의 조각은 같은 색으로 칠할까 다른 색으로 칠할까?", "색을 아예 없애거나 앞면과 뒷면의 색을 다르게 한다면?",

(2) 조각의 개수에 대하여 : "탱그램의 조각은 왜 7조각으로 자를까? 6조각이나 8조각으로 만들어 육교판 또는 팔교판을 만들 수도 있을텐데...",

(3) 조각들의 모양에 대하여 : "다른 모양의 조각으로 대체할 수도 있을까?", "작은 조각들을 이어붙인 넓이가 큰 다른 모양을 만들거나 넓이가 큰 조각을 더 작은 조각으로 자른다면?"

(4) 조각들의 각도와 넓이에 대하여 : "칠교판의 각도들은 45°의 배수들 뿐이라 정삼각형을 만들 수 없다면 30°의 배수들로 이루어진 조각들로 만든다면?", "전통칠교판은 정사각형을 자른 것이라면, 정삼각형을 자른다면?", "전통 칠교판의 작은 정사각형 조각의 넓이가 1일 때와 2일 때의 차이는?"

2) 변형 탱그램(팔교판과 스핑크스퍼즐)

이미 알고 있는 여러 가지 특징이나 조건들에서 '~라면 어떨까?' 또는 '~가 아니라면 어떨까?'와 같은 질문을 던지는 'What if ~(not)? 조건 변경 기법'을 이용하여 [그림 6]처럼 칠교판 조각들의 모양이나 개수를 바꿀 수도 있습니다. 는 조각의 개수가 7개인 유사칠교판입니다. 조각의 개수를 8개로 늘릴 때도 자르는 방법이 다양하지만 칠교판에서 작은 정사각형 조각의 넓이를 1이라고 할 때 7조각 전체의 넓이는 8이므로 넓이가 1인 조각 3가지를 각각 하나씩 추가하여 8조각 전체의 넓이가 9인 3가지 경우()를 만들 수도 있습니다. 또한 조각의 개수가 14개인 아르키메데스라는 별명이 있는 십사교판()과 칠교판 2세트를 사용한 트윈탱그램(), 직사각형(또는 정삼각형) 칠교판인 스핑크스퍼즐(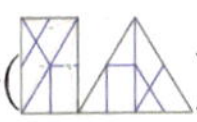), 3D탱그램()도 가능함을 알 수 있습니다.

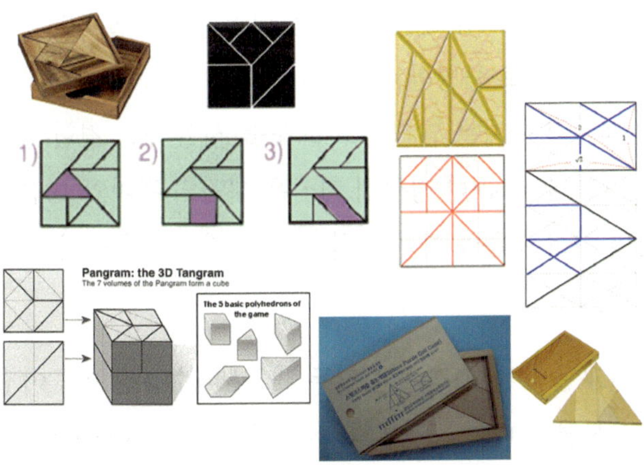

[그림 6] 칠교판의 확장(변형 탱그램)

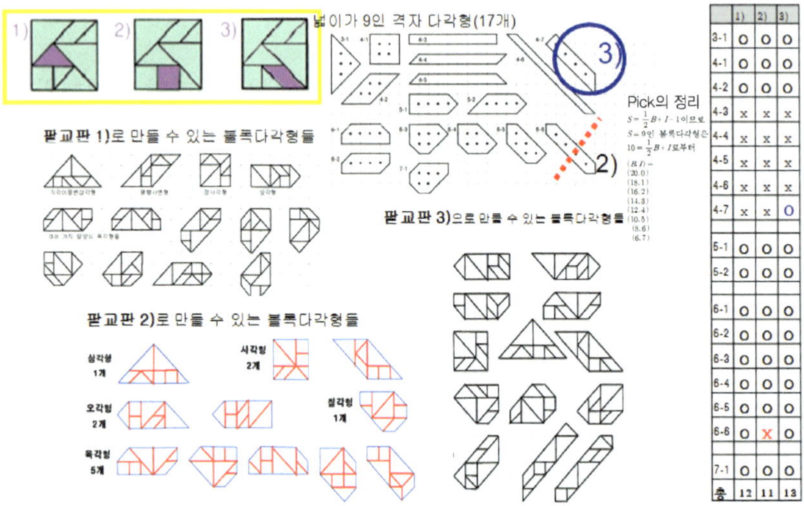

[그림 7] 팔교판 1) 2) 3)으로 만들 수 있는 볼록다각형들

[그림 7]은 팔교판 1), 팔교판 2), 팔교판 3)으로 각각 만들 수 있는 볼록다각형들입니다. Pick의 정리를 이용하면 정사각형 격자 위에 꼭지각이 45도의 배수로만 만들 수 있는 넓이가 9인 볼록다각형들은 17개뿐임을 수학적으로 증명할 수 있습니다만 이는 중등교육과정을 벗어나므로 굳이 증명까지는 않더라도 교구를 사용하면 경험적으로 만들어 볼 수 있습니다. 그러나 경험적 지식은 개인의 흥미와 도전감이 작동할 때 개인별 사고 수준에 따라 점차 수학적 지식을 추구하게 되는 원동력이 됩니다.

전통 칠교판의 각 조각들은 모두 45°의 배수로만 이루어졌으므로 정삼각형은 물론 어떠한 예각삼각형이나 둔각삼각형도 만들지 못하고 오직 직각삼각형만 만들 수 있었습니다. 그러나 스핑크스퍼즐은 각 조각들이 모두 30°의 배수이므로 [그림 8]처럼 정삼각형은 물론 예각삼각형과 직각삼각형, 둔각삼각형도 모두 만들 수 있고, 모든 조각을 사용하면 서로 다른 27개의 다각형을 만들 수 있습니다.[4]

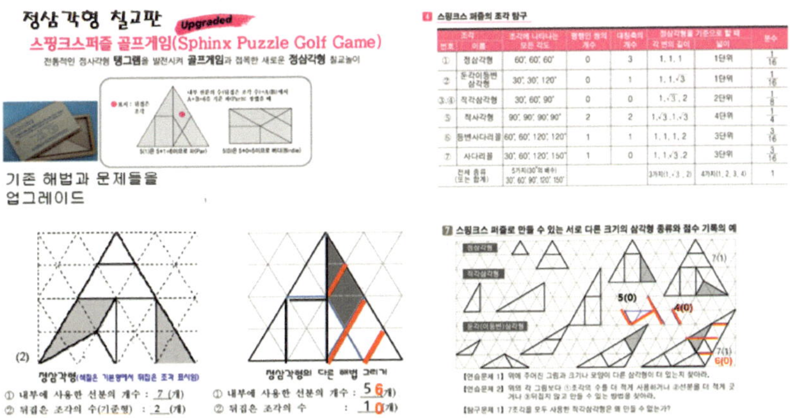

[그림 8] 정삼각형 칠교판(스핑크스퍼즐) 조각들의 특징과 탐구 활동 예시

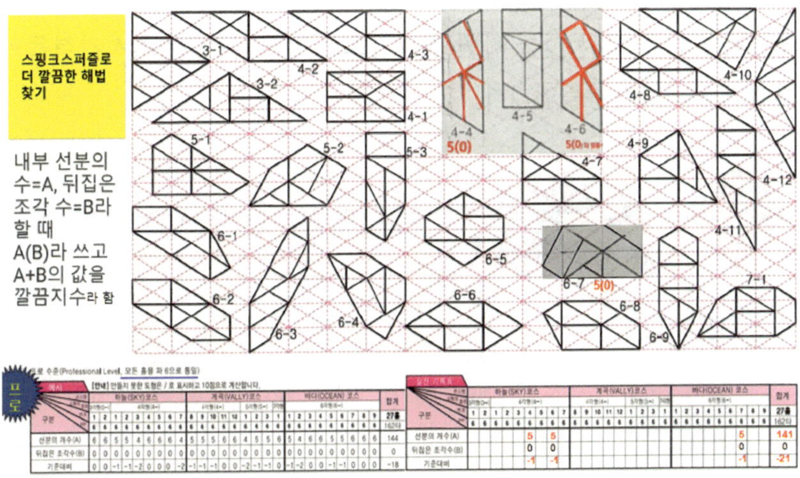

[그림 9] 스핑크스퍼즐 7조각을 모두 사용하여 만들 수 있는 볼록다각형들

탐구 2-1 [그림 7]의 팔교판 1), 2), 3)을 각각 사용한다면 어떤 도형을 더 만들 수 있거나 만들 수 없을지 서로 비교해 봅시다.

탐구 2-2 [그림 8]에서 스핑크스퍼즐 7조각들의 특징을 이용하여 조각들의 일부 또는 전부를 사용하여 만들 수 있는 다각형들을 찾아봅시다.

탐구 2-3 [그림 9]처럼 스핑크스퍼즐 7조각을 모두 사용하여 만들 수 있는 볼록다각형은 27개뿐임을 증명하거나 가장 깔끔한 해법을 찾아봅시다.

3) 가변 칠교판과 가변 스핑크스퍼즐

전통 칠교판은 정사각형 격자 위에 그린 정사각형을 7조각으로 잘라 만들었고 스핑크스퍼즐은 정삼각형 격자 위에 그린 정삼각형(또는 직사각형)을 7조각으로 잘라 만들었습니다. 각 조각들에서 이 격자들의 이웃하는 점들을 기준으로 잘라서 돌려 붙이거나 옮겨 붙이면 총 9종의 가변 칠교판을 만들 수 있습니다. [그림 10]의 우측 상단과 우측 하단에 요약된 표들은 각각 이들 가변 칠교판으로 만들 수 있는 직사각형들과 넓이가 8인 다각형들입니다.

가로, 세로 / 변형조각	1,1	2,1	3,1	4,1	5,1	6,1	7,1	8,1	2,2	3,2	4,2	$\sqrt{2}$, $\sqrt{2}$	$2\sqrt{2}$ $\sqrt{2}$	$3\sqrt{2}$ $\sqrt{2}$	$4\sqrt{2}$ $\sqrt{2}$	$2\sqrt{2}$ $2\sqrt{2}$	개수
(3.3:3.3)	○	○	○	○	/	/	/	/	○	○	○	○	○	○	○	○	12
(3.3:3.4)	○	○	○	○	/	/	/	/	○	○	○	○	○	○	/	○	11
(3.3:4.4)	○	○	○	○	/	/	/	/	○	○	○	○	/	/	/	○	9
(3.4:3.3)	○	○	○	○	○	○	/	/	○	○	○	○	○	○	○	○	14
(3.4:3.4)	○	○	○	○	○	○	/	/	○	○	○	○	○	○	/	/	12
(3.4:4.4)	○	○	○	○	○	○	/	/	○	○	○	○	/	/	/	/	10
(4.4:3.3)	○	○	○	○	○	○	○	○	○	○	○	○	○	○	○	○	16
(4.4:3.4)	○	○	○	○	○	○	○	○	○	○	○	○	○	○	/	/	14
(4.4:4.4)	○	○	○	○	○	○	○	○	○	/	/	/	/	/	/	/	9

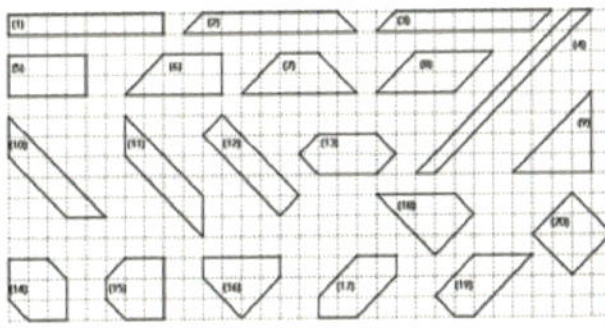

블록다각형 번호 / 변형조각	(1)	(2)	(3)	(4)	(5)	(6)	(7)	(8)	(9)	(10)	(11)	(12)	(13)	(14)	(15)	(16)	(17)	(18)	(19)	(20)	총
(3,3:3,3)	/	/	/	/	○	○	○	○	○	○	○	○	○	○	○	○	/	○	○	○	15
(3,3:3,4)	/	/	/	/	○	○	○	○	○	/	/	/	○	○	○	○	○	○	○	○	13
(3,3:4,4)	/	/	/	/	○	○	○	○	○	○	○	/	/	○	○	○	○	○	○	/	13
(3,4:3,3)	/	/	/	/	○	○	○	○	○	○	○	○	○	○	○	○	/	○	○	○	15
(3,4:3,4)	/	/	/	/	○	○	○	○	○	/	/	/	○	○	○	○	○	○	○	/	12
(3,4:4,4)	/	/	/	/	○	○	○	○	○	○	○	/	/	○	○	○	○	○	○	/	13
(4,4:3,3)	○	○	○	/	○	○	○	○	○	○	○	○	○	○	○	○	/	○	/	○	17
(4,4:3,4)	○	○	○	/	/	○	○	○	/	/	/	/	○	○	○	○	○	○	○	/	13
(4,4:4,4)	○	○	○	/	/	○	/	○	/	○	○	/	/	○	○	/	○	/	○	/	11

[그림 10] 가변 칠교판으로 만들 수 있는 직사각형들과 넓이 8인 다각형들

그렇다면 "스핑크스퍼즐에도 가변성을 추가하여 가변 스핑크스퍼즐을 만들 수 있지 않을까?"라는 질문이 떠 오르게 되고 이 조각들을 이용하여 만들 수 있는 삼각형들이나 직사각형은 각각 몇 개이며, 또 볼록다각형은 스핑크스퍼즐로 만들 수 있었던 27개의 도형들과 어떤 차이가 있을지를 탐구해 볼 수도 있을 것입니다.

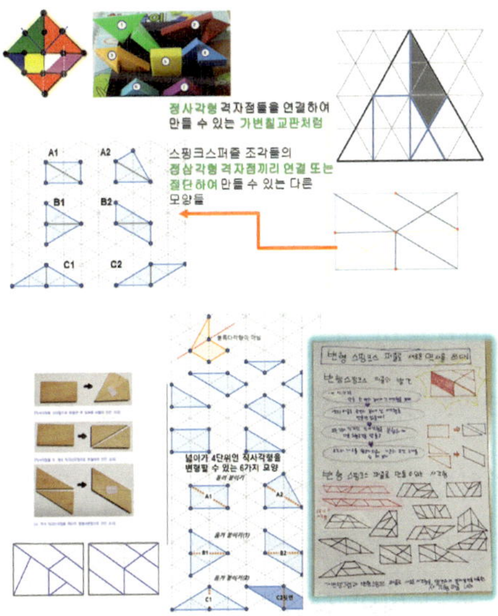

[그림 11] 가변 스핑크스퍼즐(6종)

탐구 3-1 [그림 10]에서 9종의 가변 칠교판을 구분할 수 있는 간편한 방법을 탐구해 봅시다.

탐구 3-2 [그림 10]처럼 가변 칠교판으로 만들 수 있는 다각형들을 찾아봅시다. 9종의 가변 칠교판 중에 어떤 경우가 더 많은 다각형을 만들 수 있는지 살펴봅시다.

탐구 3-3 [그림 11]처럼 가변 스핑크스퍼즐 7조각을 모두 사용하여 만들 수 있는 볼록다각형들의 보다 깔끔한 해법을 찾고, 원래의 스핑크스퍼즐로는 만들 수 없었던 새로운 도형들이 있는지 살펴봅시다.

④ 마무리

본 글은 실루엣 퍼즐로 알려진 칠교판이라는 한 가지 흥미로운 레크리에이션(놀이) 소재에서 출발하였습니다. 중간에 수리적 문제의 해법이나 보다 깔끔한 해법을 구하는 사고 과정과 탐구 활동을 제시하면서 궁극적으로는 칠교판 조각들의 구성 원리 이해를 통한 지식(내용, B)과 'What if ~(not)?'이라는 발문 기법과 창의성(방법, G)을 바탕으로 새로운 변형이나 창작이 가능한 리크리에이션(재창조)에 도전해 보기를 암시하고 있습니다. 향후 여러분들이 직접 그렇게 시도해보려는 의지(태도, R)가 생겨 여러분들의 영재성에 잠재된 창조적 지식의 생산자라는 본성을 일깨우는 한 가지 울림이 될 수 있기를 기대합니다.

아주대학교 과학영재교육원에서의 교육은 재발견/재발명/재창조를 통해 장차 발견/발명/창조를 수행해낼 역량을 준비하고 연습하는 과정이 될 것입니다. 특히 빛의 삼원색인 RGB가 어떤 비율로 섞이느냐에 따라 다양한 색이 만들어지듯이 교육에서의 태도(R), 방법(G), 내용(B) 중 어떤 부분이 얼마나 어떻게 작동하느냐에 따라 교육의 양태와 학습자 개인의 특성에 따라 다양한 모습으로 드러나고 성장, 발전하게 될 것입니다.

참고문헌

1 송상헌(1998). 초등학생들을 위한 레크리에이션 활동을 통한 Re-Creation 수학의 가능성 탐색. 대한수학교육학회 수학교육연구발표회 논문집, 419-430.
Doopedia(2021). 레크리에이션. 두산백과사전.
https://www.doopedia.co.kr/doopedia/master/master.do?_method=view&MAS_IDX=101013000741385

2 송상헌(2020). 수학 내용과 학습자를 재창조하는 레크리에이션 수학(6장). 경인교육대학교 교육연구원(편). 경인학술총서 제4권 예비교사 교육의 방향과 실천-교육대학의 교양, 교직, 교과교육 강좌 운영 사례-, 129~156. 지식과 감성.

3 송상헌의 미래인재교육(2020. 4. 14). 칠교판에 딴죽걸기4. (팔교판, 가변칠교판, 가변스핑크스퍼즐).
https://www.youtube.com/watch?v=CK4xVfon6w4
송상헌의 미래인재교육(2020. 10. 7) 칠교판 게임 탐구 활동.
https://www.youtube.com/watch?v=VZ8cgc8goeg

4 수학영재교육연구소(2019. 05. 01). 스핑크스퍼즐 골프 게임.
https://smartstore.naver.com/ginuemathclass/products/4670430056

02 정보 : 보안이란?

구은희 아주대학교 다산학부대학 교수
아주대학교 과학영재교육원 중등정보융합 사사반 지도교수

컴퓨터 정보시스템과 통신망의 기술 발전, 인터넷 서비스들의 급증은 사용자들에게 다양하고 편리한 정보 서비스의 이용을 가능하게 하였습니다. 대용량 데이터 전송의 고속화, 사용자가 원하는 정확한 정보 찾기 등으로 다양한 업무의 효율성을 향상시키고 생활의 질을 높여주는 긍정적인 효과를 거두고 있다. 이러한 정보화 사회에 살고 있는 우리는 자신이 원하는 정보를 언제나, 어디서든지, 쉽게 얻을 수 있게 되었습니다[1].

그러면 평소 컴퓨터, 휴대폰, 정보통신기기 등을 사용할 때, 보안에 대한 생각은 가지고 있을까?
"내가 가진 정보기기는 바이러스에 감염된 적이 없다."
"개인정보가 유출되는 건 위험하므로 SNS, 쇼핑몰 사이트 등 회원 가입을 필요로 하는 곳에는 가입하지 않는다."
"익명으로 된 계정이므로 나는 문제가 없다."

등 대부분의 사람들이 "나는 문제가 없다.", "나는 괜찮다."라고 하는 사람들이 적지 않습니다.

또한, 실제로도 보안 관련 피해를 본 사람들은 소수에 불과하다고 생각합니다.

하지만 뉴스에서는 기업의 정보 유출사건, 개개인의 정보 분실, 고객 정보 도난 사건 등이 발생하고 있다고 합니다. 실제로는 보도되지 않은 사건들이 더 많고, 정보 유출이 발생하는지도 모르고 있는 경우, 바이러스에 감염된 것을 깨닫지 못하는 것일 수도 있습니다[2].

보안에 관련된 문제는 보통 피해를 입지 않으면 그 위험성을 실감할 수 없지만, 피해를 입은 후에는 돌이킬 수 없는 큰 문제가 발생합니다.

이에 보안의 필요성에 대한 목소리가 높아지면서 다방면으로 실시해야 하는 보안 정책, 보안 대책, 보안 지식 등을 필요로 하게 되었습니다.

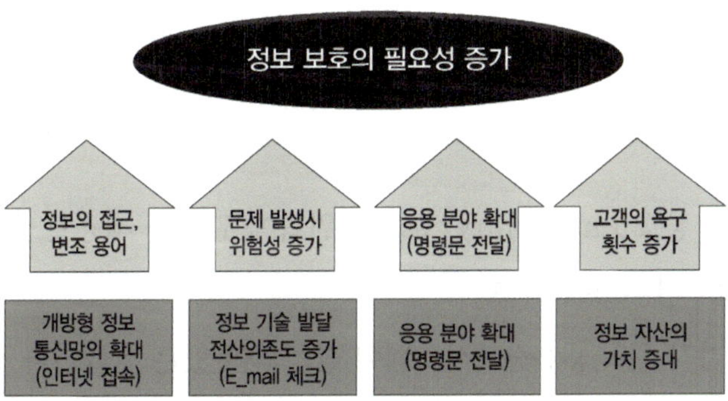

[그림 1] 정보보호의 필요성[3]

❶ 우리가 보안을 위해 고려해야 하는 위협 요소에는 어떠한 것들이 있을까요?

▶ 보안 위협(Threats) : 컴퓨터 시스템 내의 정보자원에 대해 원치 않는 결과를 초래할 수 있는 잠재적 가능성, 악의적인 의도, 위협 요소

① 정보누출 위협(Disclosure threat) : 보호되어야 할 정보가 권한이 없는 사용자에게 알려지게 되는 것

② 무결성 위협(Integrity threat) : 보호되어야 할 정보가 불법적으로 변경, 생성, 삭제되는 것을 의미

③ 서비스거부 위협(Denial of Service) : 정보시스템을 사용할 권한이 있는 사용자에게 제공되어야 할 서비스를 지연, 방해, 중지시키는 것

④ 자연에 의한 위협 : 화재, 홍수, 지진, 전력차단 등의 재난 위협

⑤ 인간에 의한 위협 : 바이러스, 해커, 사이버 테러리스트, 저작권 침해 등의 의도적인 위협과 인간의 실수, 태만 등의 비의도적인 위협

▶ 취약성(Vulnerability) : 보안 위협에 원인을 제공할 수 있는 컴퓨터 시스템의 약점

① 물리적 취약성 : 정보시스템이 설치되어 있는 건물이나 사무실의 침입

② 자연적 취약성 : 홍수, 화재, 번개, 지진 등의 자연재해

③ 환경적 취약성 : 먼지, 습도, 온도 등의 주변 환경에 취약

④ 하드웨어 취약성 : 하드웨어 오류나 오작동이 시스템의 보안에 손상을 입힘

⑤ 소프트웨어 취약성 : 시스템을 실패나 오작동으로 몰고 갈 수 있는 소프트웨어에 의해 시스템을 취약하게 만들거나 불안정하게

만들 수 있음

⑥ 매체 취약성 : 자기디스크, 자기테이프, 출력물 등은 손실되거나 손상을 입을 수 있음

⑦ 전자파 취약성 : 컴퓨터 시스템 또는 휴대폰 등의 신호를 도청자가 가로챌 수 있음

⑧ 통신 취약성 : 통신 시스템을 통해 허가되지 않은 사용자가 침입할 위험이 있음

⑨ 인적 취약성 : 시스템을 관리하는 직원이 적절한 보안 교육을 받지 않았거나, 나쁜 유혹에 빠질 경우 정보 유출의 위험이 큼

▶ 위험(Risk) : 위협 주체가 취약성을 활용할 수 있는 가능성, 위협 요소가 컴퓨터 시스템 또는 네트워크의 잠재적 취약성을 부당하게 활용할 수 있는 잠재적 손해 혹은 가능성

▶ 공격(Attack) : 악의적 의도를 가진 공격자가 시스템 내의 정보를 누출, 변조, 파괴하는 행위

① 중단(Interruption) : 전송되는 정보의 전달이 가로막히는 기술

② 정보 가로챔(Interception) : 전송되는 정보를 중간에 가로채는 기술

③ 변조(Modification) : 전송되는 정보를 임의로 변경하여 전송하는 기술

④ 가공(Fabrication) : 전송되는 내용엔 변화가 없지만 보내는 사람이 달라지는 기술

인공지능과 빅데이터, 클라우드 등이 접목된 정보통신 기술을 활용하는 것은 정보시스템으로 모든 것이 연결되어 있고, 활용되는 정보들은 각각이 가장 핵심적인 경쟁력이 되기 때문에 보안은 매우 중요한 요소로 자리 잡고 있습니다. 보안 전문가들은 국내 보안의 문제점으로, 조직구성원의 정보보안 마인드가 부족하고 위협요소에 대한 인식이 약한 것을 지적합니다. 보통 보안을 위해서는 법률에서 요구하는 보안 의무를 준수하기 위해 정보보안 전담조직을 구성하거나, 정보보안책임자와 담당자를 지정하고 있긴 하지만, 한두 명의 노력으로는 부족한 실정입니다.

[그림 2] CYBER SECURITY[4]

❷ 보안을 위해서는 무엇을 해야 할까요?

보안은 '정보의 수집, 가공, 검색, 송신, 수신 도중에 정보의 훼손, 변조, 유출 등을 방지하기 위한 관리적, 기술적 방법' 혹은 '악의적, 우연,

실수 등으로 발생하는 정보의 허가받지 않은 유출, 전송, 변경, 파괴 등으로부터 정보를 보호하는 것'이라고 정의할 수 있습니다. 즉, 정보에 대한 허가 받지 않은 모든 행위를 통제하는 활동 모두를 보안이라고 할 수 있습니다.

보안 활동은 관리적 보안, 기술적 보안, 물리적 보안의 3가지 원칙으로 분류할 수 있습니다.

- ▶ 관리적 보안 : 정보자산에 대한 기업의 정보보호 활동에 대한 정책, 표준, 지침, 절차를 정의하고 이를 실행 감독하는 활동
- ▶ 기술적 보안 : 정보시스템에 존재하는 취약점을 제거하고 정보시스템에 발생할 수 있는 외부로부터의 보안 위협을 차단하기 위해 정보보호 시스템 구축 및 운영하는 활동
- ▶ 물리적 보안 : 정보자산이 위치한 시설에 대해 허가되지 않은 접근 또는 사용을 차단하고 모니터링하기 위한 활동

즉, 관리적 보안을 통해 조직의 정보자산에 대한 정책 수립과 보안 체계를 보다 효율적이고 체계적으로 구성하고, 기술적 보안은 관리적 보안의 한 부분으로 보아 백신, 방화벽과 침입 탐지 시스템 등의 도입을 각각의 보안 정책에 맞게 체계적으로 구축할 수 있는 것입니다. 그리고 물리적인 침입은 물리적 보안 시스템을 통해 차단합니다. 보안은 어느 한 분야의 보안 수준이 낮으면 전체적인 보안 수준이 낮아지므로 세 가지 요소들 간 적절한 균형을 유지할 수 있도록 노력해야 합니다[5].

이와 같이, 보안은 다양한 위협 요소에 대항하기 위한 대책이 필요하고, 복잡한 보안 지식이 요구됩니다. 보안에 대한 체계적인 지식이 없다면 해당 기술과 대처방안에 대한 이해가 어려운 것은 당연합니다. 따라서, 각각의 기술과 대처방안에 대한 습득도 중요하지만 먼저 보안에 대한 의미와 중요성을 인지하여 쉬운 보안에서부터 실천하는 것이 더욱 중요합니다[6]. 비교적 간단하게 실행할 수 있는 보안 방법들을 통해 개인의 정보와 핵심 기술 같은 것들을 지킬 수 있습니다.

그렇다면 우리가 실천할 수 있는 쉬운 보안에는 어떠한 것들이 있을까요[7]?

▶ 비밀번호 : 옛날부터 사용되고 있는 '시스템에 등록된 사용자'를 인증하기 위한 정보

① 쉽게 추측할 수 있는 문자열이나 심플한 문자열로 만들면 해커가 해독할 우려가 높아지므로 주의하여 생성하여야 함

② 비밀번호 생성 시 주의점

영숫자의 대문자, 소문자, 기호를 조합한다.

사전에 기재되어 있는 단어나 생일, 이름의 일부 등은 사용하지 않는다.

다른 서비스나 시스템에서 사용하는 비밀번호를 공통되게 사용하지 않는다.

되도록 복잡한 비밀번호를 생성한다.

▶ 바이오메트릭스 인증 : 생체가 갖고 있는 각종 특징을 이용하여 인증하는 방식

① 장점 : 비밀번호 인증과 비교했을 때 위장이 매우 어려워 유출되어도 해독이 어렵다.

② 단점 : 인증을 위한 시스템이나 장치가 매우 비싸기 때문에 도입에 상당한 비용이 든다.

▶ 바이러스 검사 : 바이러스를 비롯한 악의적인 소프트웨어를 감지하기 위한 수단

① 패턴 파일을 사용한 바이러스 검사 : 바이러스 파일이 갖고 있는 특징을 기술한 패턴 파일을 이용하여 바이러스 파일로 판정된 파일을 퇴치하거나 삭제합니다.

② 행동에 기반한 바이러스 감지 : 패턴 파일에 의한 감지를 피하기 위하여 특징이 변경된 바이러스(특징은 특정 공격 명령이 있음)를 찾아내어 퇴치하거나 삭제합니다.

③ 평판에 의한 바이러스 감지 : 악성 URL 등의 정보를 사용하여 사용자가 사용하려고 하는 파일을 수시로 비교하여 실행이나 액세스를 차단하는 방법을 말합니다.

물론 이러한 방법들은 보안 기술에 있어서 아주 조그마한 하나의 부분일 것입니다. 하지만, 기초적인 개인 보안을 시작으로 작은 것부터 조금씩 개선해 나가면 다양한 보안 대책의 필요성과 보안 의식이 높아

질 것입니다. 위에서 제시한 보안 방법을 1가지씩이라도 실행하여 많은 사람들이 보안에 대한 인식과 보안체계를 확립하기를 바랍니다.

참고문헌

1 정보보호 개론, 이문구, 이한출판사, 2008
2 그림으로 배우는 보안구조, 마스이 토시카츠, 영진닷컴, 2007
3 정보보호 개론, 이문구, 이한출판사, 2008
4 https://www.cctvnews.co.kr/news/articleView.html?idxno=101385
5 https://www.cctvnews.co.kr/news/articleView.html?idxno=101385
6 그림으로 배우는 보안구조, 마스이 토시카츠, 영진닷컴, 2007
7 보안의 기본, Miyamoto Kunio, Okubo Takao, 위즈플래닛, 2018

03 물리 : "양자역학" 그 놀라운 세계에 대하여

강재필 아주대학교 다산학부대학 교수
아주대학교 과학영재교육원 중등물리융합 사사반 지도교수

❶ 물리학의 기초이며 마법 같은 과학이론으로 손꼽히는 양자역학!!

양자역학은 원자 안에서 일어나는 미시세계에서 여러 소립자의 운동을 연구하는 학문입니다. 현재의 운동상태를 알면 미래를 예측할 수 있다는 고전역학의 결정론적인 입장과 달리 양자역학은 확률값만 예측 가능하다고 합니다. 현재 운동상태를 정확하게 아는 것도 불가능하지만, 안다고 해도 미래에 일어날 일을 정확하게 예측하는 것은 불가능하다는 입장입니다. 1900년 막스 플랑크의 양자설에서 시작된 양자역학은 아인슈타인, 보어, 하이젠베르크, 슈뢰딩거, 등 수 많은 과학자들의 논쟁과 해석이 이어졌습니다. 노벨상 수상자인 리처드 파인만이 "양자역학을 완벽히 이해하는 사람은 아무도 없다." 할 정도로 양자역학은 마법 같아서 이해하기 쉽지 않은 학문입니다.

❷ 양자역학의 세계!! 한번 들어가 볼까요?

세상의 모든 것들은 원자로 되어 있습니다. 놀라운 일입니다. 따라서 원자를 알면 모든 것을 알 수 있다는 뜻입니다. 양자역학은 원자의 운동을 기술하는 학문입니다. 매우 중요한 학문입니다. 모든 것을 설명하는 학문이기도 합니다. 우선, 우리가 원자라는 것을 왜 못 느끼냐면 모든 것은 원자로 되어 있다고는 하지만, 우리 눈에 보이는 것은 책상이고, 연필입니다. 왜 우리가 원자를 느낄 수 없냐 하면은 원자는 너무나 작기 때문에 그렇습니다.

원자를 이루는 기본 물질인 전자의 경우는 크기 자체가 없다고 합니다. 원자는 크기가 있습니다. 원자의 크기는 $10^{-10}m = \frac{1}{10000000000}m$ = 100억분의 1m인데요. 어떤 뜻일까요? 여기에 동전이 하나 있다고 생각해 봅시다. 동전도 원자로 되어 있습니다. 동전과 원자의 크기를 비교해 보면, 만약 원자가 동전만 하다면, 같은 비율로 동전도 커질 텐데요. 그때 동전의 크기는 지구만 해집니다. 원자가 얼마나 작은지를 상상은 할 수 있나요? 그것이 원자입니다. 따라서 원자의 본질을 알기까지는 굉장한 어려움이 있었습니다. 너무 작기 때문에 볼 수가 없는 거지요. 그런데, 물리학자들이 이 원자를 보는 매우 기발한 방법을 찾았습니다. 그래서 원자에 대한 여러 가지 정보를 얻게 되었는데요, 그다음에 할 일은 원자를 이해하는 것이겠지요. 그런데 원자를 이해하려다 보니 매우 이상한 결론에 도달하게 됩니다. 원자는 어떻게 생겼냐면 일단 안보이니까 크게 확대해서 봐야 하는데요. 원자는 중심에 원자핵이라는 게 있고 원자핵은 양전하를 띠고 있습니다.

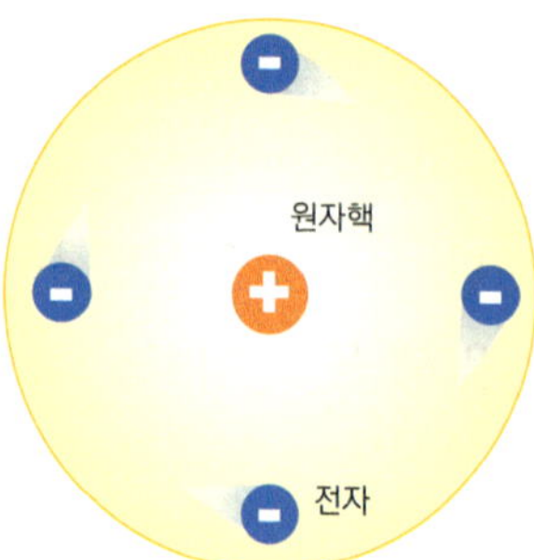

그 주위에는 전자라고 하는 크기를 알 수조차 없는 작은 입자들이 돌고 있고요. 그것은 음전기를 띠고 있습니다. 양전하와 음전하는 서로 당기는 인력이 작용하고 있습니다. 그래서 양전하 주위의 전자를 양전하가 당기면서 돌고 있는 모습을

하고 있습니다. 이것은 우리가 살고 있는 태양계의 모양과 유사합니다. 따라서, 핵 주위의 전자가 어떻게 도는지만 설명할 수 있다면 원자를 이해할 수 있다는 겁니다. 그렇다면 케플러의 법칙 같은 게 있지 않을까? 이렇게 생각할 수 있을 것 같습니다. 하지만, 놀랍게도 양성자 주위를 도는 전자 시스템은 우리가 알고 있는 그 어떤 고전역학으로도 설명할 수 없는 식으로 작동하게 된다는 것을 알게 됩니다.

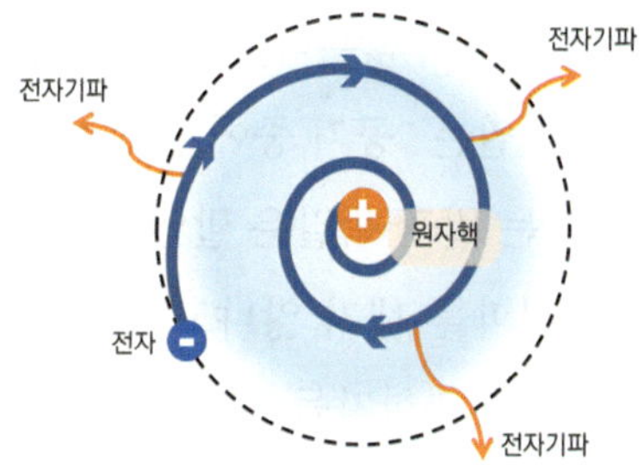

첫 번째 예로는 전자는 음전하를 띠고 있는데 전자가 원자핵 주위를 돕니다. 일반적인 상황이라면 전자는 전자기파(빛)을 외부로 방출하게 됩니다. 이것이 우리가 쓰는 핸드폰을 작동시키는 원리입니다. 핸드폰으로 어떤 신호를 보내거나 음성을 보낼 때 핸드폰 안에서는 전자가 가속운동을 합니다. 즉, 전자가 진동 운동을 합니다. 그럴 때 전자기파를 발생시키기 때문에 여러분의 핸드폰이 작동되는 겁니다. 원자핵 주위를 도는 전자는 진동 운동하는 전자와 똑같은 상태에 있기 때문에 외부로 전파를 발생시켜야 하는데요. 그러면 물리법칙에 따라서 에너지를 잃은 전자가 점점 핵에 가까워져서 충돌을 하게 됩니다. 따라서 기존의 물리학이 맞다면 원자는 아주 빠른 시간 내에 소멸해야 됩니다. 여러분 몸은 다 원자로 되어 있으니까, 즉각적으로 소멸되어야 됩니다. 그런데 현실은 그렇지 않죠?

이 모순을 해결하기 위해서 새로운 법칙이 필요할 텐데, 이 어려움을 극복한 사람이 닐스 보어(덴마크의 물리학자. 원자 구조의 이해와 양자 역학의 성립에 기여함. 1922년 노벨 물리학상 수상)라는 물리학자입니다. 보어는 참 황당한 이론을 냈는데요. 보어의 이론은, 원자의 경우 원자핵 주위를 도는 전자는 전자기파를 내지 않는다. 라고 말했는데요. 이 말은 "공기 중에 물체가 움직이는데, 어떠한 바람도 만들지 않는다"라는 말과 똑같은 말인데요. 다른 과학자들이 그러면, 그 전자는 왜 전자기파를 내지 않냐고 물어보면, 그냥 "모른다"라고 말했다고 합니다. 당시 과학자들이 보기에는 참 황당한 이론을 발표했습니다. 이 이론에 대해서 많은 과학자들이 "어처구니없다." " 말도 안 된다." 등 많은 실망한 표현을 했습니다. 그 다음 보어는 한 발짝 더 나갑니다. 그러면 이제는 듣도 보도 못한 상태가 만들어진 건데요. 전자기파를 발생하지 않는 전자의 원운동 상태를 보어는 "정상상태"라고 이름을 붙여줍니다.

[그림 1] 닐스보어(1885~1965) 덴마크

사람들이 이름을 듣고 그러려니 하는 거지요. 이유는 모르지만, "정상상태에 있는 전자는 빛을 방출하지 않는다." 참 이상하지요. 그런데 이게 끝이 아닙니다.

실제 원자는 빛을 냅니다. 여러분이 지금 어떤 물체를 보는 것도 그 물체를 이루는 원자에서 나오는 빛을 보는 겁니다. 원자는 어떻게 빛을 낼까요? 보어의 설명은 이렇습니다. 전자가 원자핵 주위를 돌 수 있는데 놀랍게도 돌 수 있는 궤도는 원궤도인데 특정 반지름을 갖는 원궤도는 가능하지만, 예를 들어 반지름이 1m의 원궤도 또는 2m의 원궤도는 가능하지만, 그 중간값인 1.5m의 원궤도는 돌 수가 없습니다. 즉, 정상상태는 띄엄띄엄 위치에만 존재한다는 것입니다. 이렇게 전자가 띄엄띄엄 존재 할 때, 각 궤도의 에너지는 물리적으로 다릅니다. 한 궤도에 있던 전자가 다른 궤도로 갔을 때, 에너지 차이가 생기니까 에너지 보존 법칙이 맞다면 그 차이만큼 에너지는 방출하거나, 흡수하는 거지요. 보어는 말합니다. 그때 들어오거나 나가는 빛이 원자가 흡수 방출하는 빛이다. 말이 안되는 이론 같지만, 이것으로 당시까지 알려진 모든 빛의 성질 스펙트럼(원자가 여러 정상상태 궤도를 오가며 전자기파를 흡수하거나 방출해 생기는 현상)을 다 설명하게 됩니다. 이렇게 말도 안되는 이론이 그 당시 모든 실험 결과를 설명하니까 사람들이 좀 화가 났겠지요? 이것을 보어의 원자모형이라고 부르게 되고요. 이처럼 정상상태가 띄엄띄엄 되어 있는 것을 "전자궤도의 양자화"라고 부릅니다. 여기서 양자라는 말이 나옵니다. 이렇듯 띄엄띄엄 되어 있는 것을 "양자"라고 합니다. 이렇게 황당해도 물리학이 괜찮을까요? 실험을 잘 설명한다고 했지만, 누구도 전자가 왜 그렇게 행동하는지 모릅니다. 더군다나 전자가 1m 궤도반지름으로 돌다가 2m 궤도 반지름으로 이동을 할려면 빛 에너지를 외부에서 받아야 합니다. 그러면 1m 궤도에서 2m 궤도로 전자는 어떻게 갔을까요? 중간 어딘가를 반드시 지나갔겠죠? 물체가 이동을 할 때 어느 지점에서 어느 지점으로 이동을 할 때, 반드시 중간 어느 지점을 통과해야 합니다. 짧은 순간이지만, 중간에 있었던 순간이 있었다는 거지요. 하지만, 보어는 이렇게 답을 합니다. 1.5m, 1.4m 어느 지점에도 아주 짧은 시간이라도 전자는 존재할 수 없습니다. 정상상태가 아니니까요. 전자는 있던 자리에서 사라져서 다른 자리에 나타났다고 말하고요. 이러한 현상을 "양자 도약"이라고 합니다.

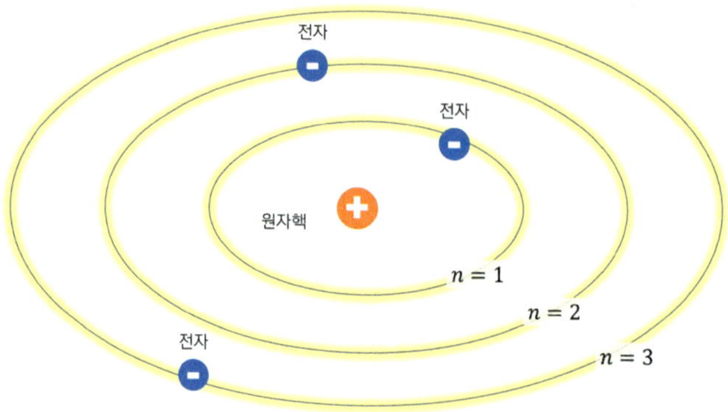

궤도의 중간 부분에는 전자가 존재하지 않음

닐스보어는 양자도약을 다음과 같은 모형으로 설명했습니다. "가운데 원자핵이 있고 전자는 특정한 반지름을 갖는 곳에만 존재한다. 전자는 다른 궤도로 이동할 수 있는데 안쪽 궤도를 이동할 때는 빛을 방출하고, 바깥 궤도로 이동할 때는 빛을 흡수한다. 이때 전자의 궤도 이동은 한 궤도에서 사라져서 다른 궤도에서 나타난다. 두 궤도를 미끄러지듯 이동하는 것이 아니라, 사라졌다가 나타난다. 이러한 현상을 양자도약이라고 한다."

그래서 보어가 만든 원자를 설명하는 이론은 정상상태와 양자도약이라고 하는 두 개의 중요한 개념으로 구성되어 있는데요, 하지만 그 이유를 몰랐습니다. 이것이 1910년 초반의 상황이었습니다. 그렇다면 누군가 나타나서 이 상황을 빨리 설명하거나, 최소한 이것을 수식으로 표현해야 합니다. 물리학자의 언어는 수학이니까요. 수식으로 쓰거나, 수학적인 공리라도 만들어서 체계를 정립해야겠지요?

[그림 2] 하이젠베르크(Heisenberg, 1901~1976) 독일의 물리학자
양자(量子)의 기초를 확립하고 불확정성 원리와 원자핵의 구조를 밝힘.
1932년 노벨 물리학상 수상

그런 사람이 나타나는데요! 그 사람은 바로 보어의 이론이 나온 지 12년이 지난 뒤 하이젠베르크라는 사람이 그 일을 하게 됩니다. 하이젠베르크가 만든 양자역학을 오늘날 "행렬역학"이라고 부르는데요, 하이젠베르크라는 사람은 요즘 말로 엄친아입니다. 못하는 게 없는데요 공부면 공부, 음악이면 음악, 운동이면 운동, 하이젠베르크 고향인 뮌헨에서는 이분을 피아니스트로 알고 있을 정도로 음악도 잘합니다. 절대 지기 싫어하는 사람이었는데요 그런 사람에게 양자역학이 딱 걸린 거지요. 그래서 양자역학의 수학적 표현을 만들어내게 되고요. 물론 보어와 긴밀한 관계 속에서 만들어내게 되는데요, 보어는 하이젠베르크와 상당히 다른 캐릭터입니다. 보어는 이야기를 할 때, 다른 사람들이 이해하기 어렵게 이야기한다고 합니다. 굉장히 철학적이였구요. 아까 말씀드렸듯이 이거다, 저거다, 이유는 모르겠다. 누가 들어도 무슨 말인지 모르는데 엄청난 에너지와 열정으로 상대가 설득당할 때까지 이야기한다고 합니다. 그래서 설득시키는 사람인 것이죠. 이 캐릭터가 왜 중요하냐면 이제부터 말하게 될 양자역학의 기본 개념들이 너무나 비논리적이어서 사람들이 이 이론들을 반대를 할 때, 보어가 아니면 설득할 수 없었을 거라는 거죠. 준비되었나요?

하이젠베르크는 보어의 이론을 생각해 봤는데요.

- 사람들은 그 이론을 싫어하는데, 너무나 잘 맞습니다. 누군가 해결을 해야 하겠죠?
- 사람들은 그 이론을 왜 싫어할까요?
- 1m 궤도에 있는 전자가 사라져서 2m에 나타난다는 것은 정말 말이 안되잖아요. 왜 중간과정에 전자가 이동하는 과정을 설명할 수 없는 걸까요?

여기서 하이젠베르크가 인류역사상 가장 놀라운 도약을 하게 됩니다.

하이젠베르크가 1925년 7월 양자역학을 설명하는 논문을 쓰게 됩니다. 그때 나이가 24살이었고요. 그 나이에 단독 저자로 논문을 쓰게 됩니다. 아마 그렇게 쓰지 않았으면 나오지 않았을 논문이었습니다. 어떤 기성 과학자도 이 이론을 지지할 수 없었을 겁니다. 하이젠베르크가 이렇게 말합니다. "왜 우리는 전자가 한 정상상태에서 다른 정상상태로 양자 도약하는 것을 받아들이지 못하는가?" "우리는 왜 직접 보지 못한 전자의 운동이 거시 세계의 운동과 같을 것이라고 생각하는가?" 그래서 우리는 직접 측정으로 알아낼 수 있는 것만 갖고 이론을 구성해보자. 이게 도약입니다. 우리는 물체를 볼 수 있습니다. 사실 물체는 원자로 이루어져 있습니다. 물체를 본다는 것은 원자를 보는 것입니다. 엄밀히 말해서 원자를 보는 것이 아니고 원자가 내놓은 빛을 보는 겁니다. 원자가 빛을 내는 이유는 보어가 이야기한 정상상태를 양자 도약을 통해서 전자가 넘나들기 때문에 우리가 볼 수 있는 겁니다. 이거 이외에 우리가 얻을 수 있는 정보는 없습니다.

하이젠베르크의 생각은 "전자에 대해서 위치가 어디인지, 속도가 얼마인지 묻지 말라."

구해본 적도 없고, 본적도 없는데, 왜 물어보냐는 거죠. 오로지 원자가 빛을 내는 이유는 한 정상상태에서 다른 정상상태로 즉, 1번 궤도에서 2번 궤도 또는 1번 궤도에서 3번 궤도 등 이러한 숫자들만이 원자이다.

참 기괴하기 이를 때 없죠? 마치 피타고라스가 말한 "만물은 수(數)다"처럼 이러한 숫자들의 집합이 원자라는 겁니다.

$$\begin{pmatrix} 1 & 2 \\ -2 & 3 \end{pmatrix}\begin{pmatrix} -1 & 2 \\ -1 & 4 \end{pmatrix} = \begin{pmatrix} -3 & 10 \\ -1 & 8 \end{pmatrix}$$

$$\begin{pmatrix} -1 & 2 \\ -1 & 4 \end{pmatrix}\begin{pmatrix} 1 & 2 \\ -2 & 3 \end{pmatrix} = \begin{pmatrix} -5 & 4 \\ -9 & 10 \end{pmatrix}$$

하이젠베르크는 전자가 궤도를 돌고 있다는 개념을 과감히 버립니다. 오로지 측정 가능한 물리량만 가지고 양자역학을 구성해야 한다고 생각했습니다. 원자로부터 얻을 수 있는 정보는 원자가 흡수 방출할 때 나오는 빛뿐입니다. 전자가 갖는 에너지, 전자가 흡수, 방출하는 빛의 진동수로 구성된 수들의 배열, 바로 하이젠베르크의 "행렬역학"입니다. 행렬이란 행과 열로 이루어진 수들의 배열이다. 하이젠베르크는 행렬역학을 통해 보어의 원자모형의 수학적 기반을 만들었습니다.

사람들은 원자를 이해했다고 했을 때, 고전역학과 같이 원자의 궤도를 기술할 수 있는 방정식을 원했던 거지, 우리가 측정해서 볼 수 있는 빛들의 에너지, 숫자들의 집합을 원자라고 말하는 것은 도저히 받아들일 수 없었던 겁니다. 따라서 하이젠베르크는 궤도의 포기를 통해서 양자역학의 핵심에 들어갔지만, 여전히 자신의 이론이 왜 그래야만 하는지 설명을 해야 했습니다. 하이젠베르크의 이론은 수학적으로는 완결된 이론이라서, 보어의 이론과는 달리 더 정확하게 양자역학 시스템에 대해서 더 좋은 답을 낼 수 있었습니다. 수학의 언어로는 하이젠베르크의 행렬을 풀면 실험으로 구한 값을 모두 구할 수 있고, 설명할 수 있었습니다. 만약 여러분들이 실용주의자라면 원리 따위는 알고 싶지 않고, 이해하고 싶지 않은데 답만 알고 싶어 한다면, 이런 사람에게는 이미 양자역학은 완성된 겁니다. 하지만, 인간에게는 호기심이라는 것이 있죠. 왜 궤도를 몰라야 하는가? 이런 질문을 할 수 있습니다.

이에 대해서 하이젠베르크가 많은 고민을 하게 됩니다. 2년 동안의 긴 고민을 하게 됩니다.

1927년 하이젠베르크는 "측정한다는 것이 어떤 의미일까"를 고민하게 됩니다. 우리가 무엇인가를 측정을 할 때, 대상에 영향을 주지 않고 측정하는 방법이 있을까요?

예를 들어 보면, 상자 안에 어떤 물체가 있는데, 만져서 물체의 위치를 측정하는 겁니다. 물체의 위치에 변화가 없이(마찰이 전혀 없다고 가정할 때) 물체의 위치를 측정할 수 있는 방법이 있을까요?

아이스크림의 양에 조금도 영향을 주지 않고 아이스크림이 무슨 맛인지 알아낼 방법이 있을까요?

비슷한 겁니다.

우리가 물체를 본다는 것은 빛이 물체에 맞아서 물체의 원자들이 빛을 흡수, 방출한다는 것을 의미합니다. 방출된 빛이 눈에 들어오면 우리는 "물체를 봤다"라고 합니다. 여기서 빛이 물체에 맞는 순간 물체의 전자들의 위치가 변합니다. 거시적인 세계에서는 아무 변화가 없는 것 같지만, 양자역학 세계에서는 빛만으로도 전자들의 위치가 변합니다.

본다는 것, 우리가 봐서 얻어낸 전자의 위치라는 것이 과연 어떤 의미를 지닐까요?

측정하는 행위가 전자들을 교란시키고 교란이 어떻게 일어날지를 모른다면, 측정을 통해서 얻어낸 전자의 위치를 확신할 수 없게 됩니다. 그렇다면 측정 결과물은 무엇을 의미할까요? 물론, 측정을 했으니 어떤 식으로든 정보는 있습니다. 하지만 완벽한 정보는 아닐 겁니다.

$$\Delta x \cdot \Delta p \geq \frac{\hbar}{2}$$

그 해석 방식이 불확실하다 하여 "불확정성의 원리"라고 부릅니다.

이것이 하이젠베르크가 궤도이론을 포기하는 이유입니다. 이 해석은 아인슈타인 같은 경우 죽을 때까지 동의하지 않았습니다. 아인슈타인은 어쩌면 우리가 잘하면 전자의 위치변화 없이 전자의 위치를 알 수 있는 방법이 있을 것이라고 생각했습니다. 많은 과학자들이 여러 가지 교란하지 않고 전자의 위치의 알 수 있는 방법들을 말하지만, 보어와 하이젠베르크가 그 방법들이 불가능 하다라는 것을 설명하는데 모두 성공을 합니다.

오늘날 대부분의 물리학자들은 하이젠베르크의 "불확정성의 원리"를 믿고요. 이것이 자연을 기술하는 근본원리 양자역학의 가장 핵심적인 원리라고 믿고 있습니다. 따라서 양자역학에서는 측정을 통해서 얻어낸 결과물은 대상의 정확한 위치가 아니라는 겁니다. 그러면 측정한 값은 뭘 의미할까요?

여기서 물리학자들이 내놓은 답은 이렇습니다. 만약 여러분이 오늘 점심에 또는 저녁에 짬뽕을 먹을지 짜장면을 먹을지 고민한다고 생각해 보세요. 그런 일은 자주 일어납니다. 보통 고민을 한참 하다가, 동전을 던집니다. 왜 동전을 던지시나요? 동전의 결과가 앞면이 나올지 뒷면이 나올지 완전히 무작위적으로 결정될 것이라는 믿음이 있기 때문에 던집니다. 하지만 그것은 잘못된 믿음입니다. 고전 역학적인 세계에서는 동전 던지기의 답까지 예측이 가능합니다. 동전의 초기조건과 힘의 크기를 알면 정확히 어떤 방향으로 떨어질지 계산할 수 있습니다. 하지만, 초기조건을 모르면 알 수가 없습니다. 이 모든 것들은 초기조건을 알 때, 계산할 수 있는 겁니다. 즉, 초기조건을 모르면 결과를 모른다고 할 수 있습니다. 하지만, 이것은 본인이 알고 싶지 않아서 모르는 거지, 우주에서는 정해져 있는 겁니다. 양자역학에서는 본인이 초기조건을 알 수만 있다면 미래를 예측할 수 있겠지만, 초기조건을 알기 위한 측정이라는 행위가, 초기 조건을 교란해서, 초기 정보에 오차가 발생하게 됩디다. 그래서, 그 어떤 순간에서도 초기 조건의 값은 정확히 알 수 없게 됩니다. 이런 경우에 우리는 이 사건의 결과가 우연히 일어난다고 합니다. 그래서 양자역학에서 일어나는 결과는 우연히 일어나는 것 즉, "확률"적인 일로 해석을 해야만 한다는 것이 양자역학의 표준 해석이고 하이젠베르크와 보어가 만든 양자역학의 핵심 이론입니다. 보어가 당시 덴마크 사람이었는데요, 덴마크의 수도가 코펜하겐입니다.

코펜하겐에 연구소가 있고 그곳에서 모여서 많은 연구를 했습니다. 그래서 그 도시의 이름을 따서 "코펜하겐의 해석"이라고 부릅니다.

코펜하겐 해석에 따르면 관측은 대상에 영향을 주기 때문에 관측 결과물은 항상 불확실성을 갖게 되고 그 불확실성은 아주 근본적인 것이기 때문에 피할 수 없고, 그러한 상황에서 예측하는 미래는 우연성을 갖게 되고, 확률로만 해석하게 됩니다. 따라서 양자역학은 고전역학이 이야기했던 결정론을 폐기하고 비결정론으로 가는 그런 상황이 되는 겁니다. 그래서 자연의 예측 가능성에서 거대세계에서는 모든 것이 결정되어 있지만, 원자의 세계에서는 현재의 상태가 결정되어 있지 않기 때문에, 미래를 예측하는 것은 불가능하다고 봅니다.

자연에 대한 예측 가능성은 두 개의 이론이 있는데요. 하나는 뉴턴의 고전역학에서는 모든 것은 결정되어 있고 예측 가능성이 열려 있습니다.

양자역학에서는 결정되어 있지 않기 때문에, 예측가능하지 않다고 이야기해주고 있습니다.

감사합니다.

참고문헌

1 Ramamurti Shankar "Principles of Quantum Mechanics"

2 Richard P. Feynman " 파인만의 QED 강의"

3 김상욱(경희대학교 물리학과) "자연의 예측 가능성- 양자역학 특강"

4 Science "통찰 자연의 예측 가능성"

5 https://blog.naver.com/the-woman/222533902386

6 https://www.youtube.com/watch?v=pFeu3obBrsw&t=1s

7 namu.wiki>네이버_지식백과

8 [그림 1] 위키백과 : 닐스 보어

04 화학 : 유기화학과 유기전자공학

이태권 아주대학교 화학과 교수
아주대학교 과학영재교육원 중등화학융합 사사반 지도교수

❶ 화학이란?

'화학'이란 무엇인지를 한 문장으로 짧게 정의해보라고 한다면 어떻게 답하겠는가? 바로 답해본다면 '화학은 물질의 구성 및 그 변화 과정, 또한 이에 수반되는 에너지의 변화에 대해 연구하는 학문'이라고 정의할 수 있다. 이와 같이 물리학, 생물학, 수학, 지구과학, 천체물리학, 정보통신 등의 자연과학 분야, 화학공학, 신소재공학을 비롯한 다양한 공학 분야의 학문들도 간략하게 정의해볼 수 있을 것이다.

아무튼 이러한 기초 학문으로써의 정의를 넘어서서 화학은 우주의 구성 물질과 그 작용 원리, 생명현상을 다루는데도 활용되기 때문에 물리와 생명과학의 연결 학문이 되기도 한다. 또한 물질 및 그 변화 과정에 담긴 과학의 기초 원리를 기반으로 이를 실생활에 적용하는 응용 학문, 좀더 적극적으로 이해한다면 지속가능한 환경, 신재생 에너지, 미래 첨단 소재의 핵심 열쇠를 제공하는 융합 학문으로도 화학을 확장하여 이야기할 수 있을 것이다.

화학의 세부 분야는 크게 물리화학, 유기화학, 무기화학, 분석화학 등으로 나눌 수 있으며, 좀더 다양하게는 생화학, 고분자화학, 전기화학, 환경화학, 재료화학 등의 분야들이 있다. 아래 [그림 1]은 아주대 화학과에서 정리한 대표적인 화학의 기초 분야들을 보여주고 있다. 특히 융합 학문으로써 이들이 에너지, 바이오헬스, 환경 등의 다양한 분야에 어떻게 응용되며, 현재 연구되고 있는지를 간략하게나마 살펴볼 수 있다.

[그림 1] 아주대 화학과의 세부 전공분야 및 연구분야 소개

화학의 대표 분야 몇 가지를 좀더 구체적으로 소개해보면 먼저 물리화학은 거시세계와 미시세계로 이루어진 자연현상을 체계적으로 기술하고 이 두 분야의 상관관계를 규명하는 학문으로써 세부적으로는 열역학, 양자화학, 반응속도론, 분광학 등이 있다. 유기화학은 간단하게 '탄소화합물의 화학'이라고 정의할 수 있다. 탄소화합물의 합성 및 구조, 반응 메커니즘을 연구하는 학문으로 의약품, 향료, 고분자 물질, 나노 소재, 신소재 등 매우 다양한 분야에 응용되고 있다. 무기화학은 유

기화학의 반대로 탄소화합물이 아닌 무기물질의 구조와 성질을 규명하고 합성하는 방법을 다루는 학문이다. 배위화합물, 고체화학, 촉매 및 에너지 저장물질로 사용되는 유기금속화학 등의 재료과학이 이에 포함된다. 분석화학은 물질의 정성적, 정량적 분석을 위한 원리 및 실제적 방법을 다루는 학문으로 분광법과 전기화학적 방법에 기초하여 기기분석, 화학분리법 등을 다루고 있다. 생화학은 생체를 이루는 기본단위인 핵산, 단백질, 당 등의 구조 및 성질을 규명하고 자연에서 일어나는 생명현상들을 화학적 관점에서 관찰하는 학문을 말한다.

❷ 유기화학과 유기전자공학

이중에서도 탄소(Carbon)화합물을 다루는 유기화학(Organic Chemistry)은 기초 학문의 역할을 넘어서서 최근 화학의 다른 세부 전공분야 및 자연과학, 공학의 다양한 학문 분야와 융합되고 있다. 그 중에서도 전자공학과 결합하여 유기전자공학(Organic Electronics)이라는 학문이 새롭게 등장하였고, 연구개발의 결과 십여년 전부터 OLED와 같은 실용적인 제품으로 상용화되기도 하였다. 이러한 유기전자공학은 기존에 사용되던 무기물질 실리콘(Si)을 유기물질로 대체하려는 목적으로 생겨난 연구분야이다. 유기화합물을 구성하는 주요 원소들은 아래 주기율표에서 보다시피 탄소 및 녹색으로 표시된 수소, 질소, 산소, 그리고 적색으로 표시된 비금속 원소들이다. 좀더 넓게 보면 노란색으로 표시된 유기금속화합물도 이 범주에 속하며 여기에는 몇몇 주요 금속 원소들까지도 포함된다. 오른쪽에 그려진 화합물의 구조는 최초로 합성된 유기화합물로 알려진 아스피린의 구조이다. 유기화합물들은 탄소와 수소를 필수적으로 포함하고 있기 때문에 유기화학자들의 약속을 따라 보통 이들의 원소 기호를 표시하지 않고 생략하므로 우리는 선으로만 이루어진 화학구조식에서 C, H를 볼 수 있어야 한다. 즉 아스피린은 C, H, O 세 원소로만 이루어져 있는 유기화합물이다.

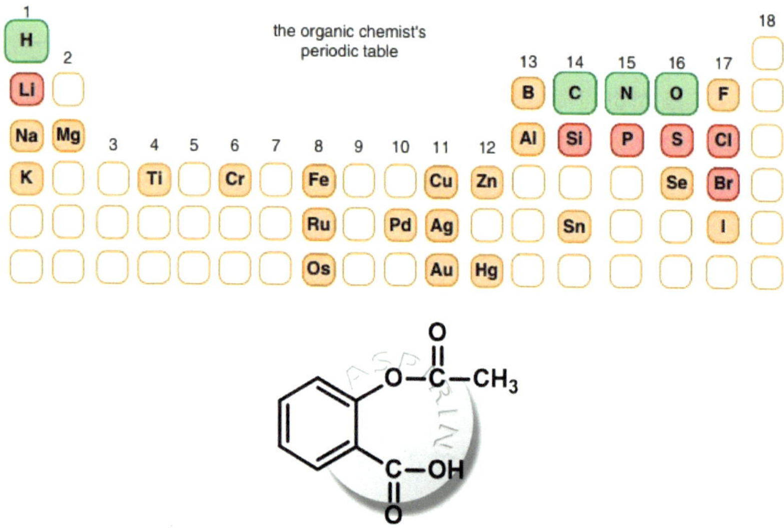

아스피린 (아세틸 살리실산)

[그림 2] 유기화합물을 구성하는 주요 원소들[1] 및 아스피린의 구조

이러한 유기화합물들은 전자재료로써 크게 세 가지 소재로 구분하여 유기전자공학 소자에 적용된다. 바로 금속 전극 역할을 대신할 수 있는 유기전도성소재, 그리고 유기반도체소재, 유기절연소재 등이다.

첫번째, 유기전도성소재의 대표격인 전도성 고분자는 전기가 흐를 수 있는 고분자를 말한다. 이는 2000년 노벨 화학상을 받은 소재로써 연구자들은 반도체 성질을 갖는 폴리아세틸렌이라는 고분자에 아이오딘(I2, 요오드)이라는 물질을 도핑하는 방법을 사용하여 획기적으로 전도성을 향상시켰다. 당시 미국, 일본의 과학자들이 화학과 물리학의 공동연구를 통해 2000년에 노벨 화학상을 수상했는데,[2] 폴리아세틸렌을 최초로 합성하여 이 연구가 가능케 한 것은 당시 한국원자력연구원 연구자로서 일본의 대학에 방문 연구중이었던 한국인 변형직 박사였다고 한다. 연구의 어려움을 거듭하던 중 고분자를 합성할 때 촉매의 양을 실수로 1,000배 잘못 넣었던 것이 의외로 좋은 성과를 얻는 기회가 되었다는 뒷이야기가 전해진다. 위대한 발견은 천재적 영감에서 나올 수도 있지만, 때로는 실수와 실패의 결과물을 그냥 지나치지 않고 잘 해석해서 얻어질 수도 있다는 교훈을 우리에게 얘기해 준다. 최근에는 좀더 안정적인 PEDOT:PSS라는 전도성 고분자가 여러 유기전자 분야에 적용되고 있다.[그림 3a, b]

두번째로는 반도체성 유기소재이다. 유기반도체라고 불리는 이 소재는 실제 유기전자공학의 각종 응용분야를 가능케 하는 핵심 물질이다. 유기화합물이 반도체의 특성을 갖기 위해서는 일정 크기 이상을 갖는 분자의 화학결합내에 탄소-탄소의 단일결합과 이중결합(때로는 삼중결합)이 교대로 반복되어 나타나야 한다. 이를 '공액화(conjugation)'라는 다소 어려운 단어로 표현한다. 이러한 화학 결합을 [그림 3C]에서 보듯이 '파이결합'이라고 부르며, 이러한 경우 아령 모양의 원자궤도함수가 하나 남게 된다. 탄소 원자에 쭉 연결된 이 p-궤도함수가 일종의

도로 역할을 하면서 전자가 자유롭게 이동하여 실리콘처럼 반도체 특성을 갖게 된다. 이러한 유기반도체 소재로는 짧은 크기의 단분자와 긴 사슬 형태의 고분자 모두가 가능하다. 화학 구조는 대단히 복잡해 보이지만 일종의 퍼즐 맞추기처럼 공통적으로 단일결합(-)과 이중결합(=)이 교대로 연결된 화합물을 찾으면 유기반도체임을 알 수 있다. 특히 고분자 유기반도체는 용매에 잘 녹으므로 용액을 만들 수 있어서 마치 프린터로 인쇄하듯이 전자소자의 회로를 찍어낼 수 있어서 '인쇄전자'라는 분야에도 응용될 수 있다. 아직은 지속적으로 불량품 문제없이 인쇄전자 회로를 찍어 내기에는 유기반도체 소재와 공정, 장비 등의 개선이 필요한 상황이므로 연구가 계속 진행중에 있는 분야이다.

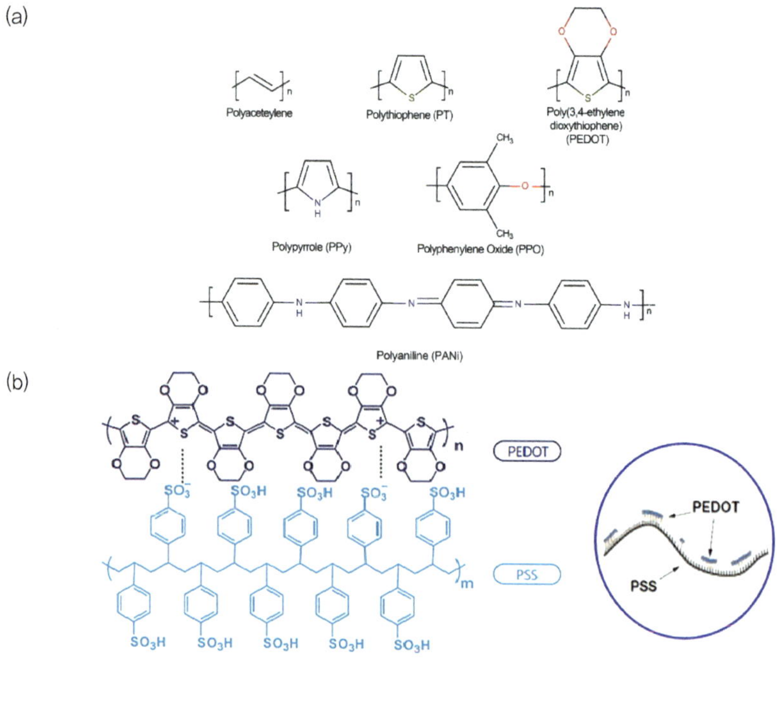

(c)

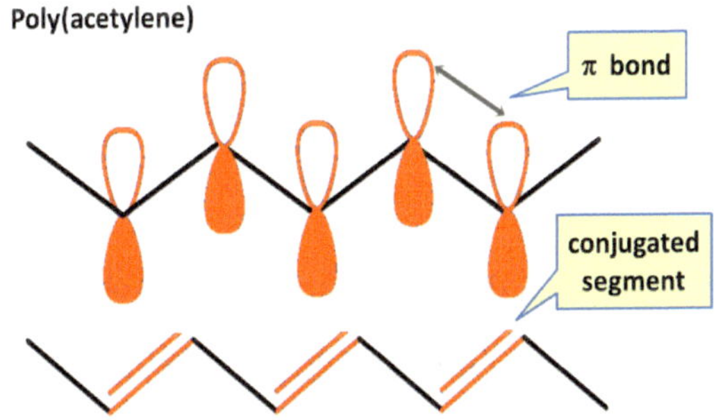

(d)

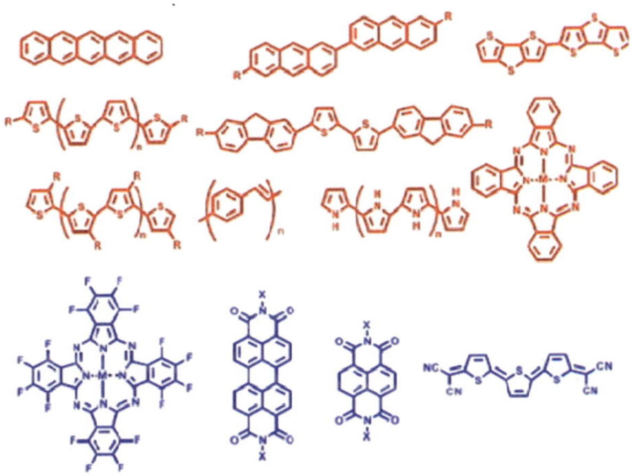

[그림 3] (a) 전도성 고분자,[3] (b) PEDOT:PSS,[4]
(c) 공액화의 개념, (d) 유기반도체 단분자 및 고분자

세번째로는 전기가 통하지 않는 유기 절연소재가 있으며, 이는 일반적인 범용 플라스틱 소재인 폴리스타이렌(PS), PET, PVC, PMMA와 같은 고분자 소재이다. 특히 접거나 구부릴 수 있는 장치 또는 제품을 만들기 위해서는 쉽게 깨지는 유리 기판이나 실리콘 웨이퍼를 사용할 수 없기 때문에 절연 고분자 소재가 기판으로 필요하다. 이중에서도 300도 이상의 공정을 견딜 수 있는 열적 안정성을 고려하여 가장 좋은

재료로 꼽히는 폴리이미드(PI) 고분자 소재의 개발이 중요하게 연구되고 있다.

❸ 유기전자 응용분야

유기화학의 유기반도체 물질이 유기전자공학에 응용되는 중요한 분야로는 유기발광디스플레이(OLED), 유기박막트랜지스터(OTFT), 유기태양전지(OSC) 등이 있다. 이 외에도 유기스핀밸브, 유기열전소자, 유기이미지센서 등 다양한 신개념 소자에 그 활용성이 연구되고 있다. 이처럼 유기화합물이 전자재료에 쓰이게 되면 기존의 무기화합물 기반의 전자 재료와는 달리 가볍고, 구부러질 수 있고(flexible), 더 저렴한 소자나 제품을 만들 수 있다는 장점이 있다.

1) OLED (유기발광디스플레이)

OLED(Organic Light Emitting Device)는 두 개의 전극 사이에 여러 유기물을 수십 나노미터로 배열하여 여러 층으로 구성된 전자 소자이다. 양쪽 끝에 있는 전극에 전기를 가하면 전자(−)와 정공(+)이 주입되고, 유기반도체 발광층 내에서 재결합하여 엑시톤(여기자)이 형성된다. 이 엑시톤이 들뜬 상태에서 안정한 바닥상태로 떨어지면서 빛을 내는 현상을 이용하는 디스플레이가 OLED이다. 발광 특성을 내는 유기반도체 물질들이 가지고 있는 고유의 에너지 간격 차이에 의해 각각 빨간색, 녹색, 파란색을 나타내게 된다. 가장 좋은 발광 성능을 얻기 위해서는 각 층마다 최적화된 다른 유기반도체 물질들을 사용한다. 기능에 따라서 정공주입층(HIL : Hole Injection Layer), 정공수송층(HTL :

Hole Transport Layer), 발광층(EML : Emission Layer), 전자수송층(ETL : Electron Transport Layer), 전자주입층(EIL : Electron Injection Layer) 등 여러 얇은 층으로 구성되어 소자의 효율 및 색상 신뢰성을 향상시킨다. OLED는 유기전자공학 분야에서 현재 유일하게 상용화되어 삼성의 스마트폰 디스플레이와 LG의 OLED TV 등에 적용되어 우리가 실생활에서 접할 수 있다.

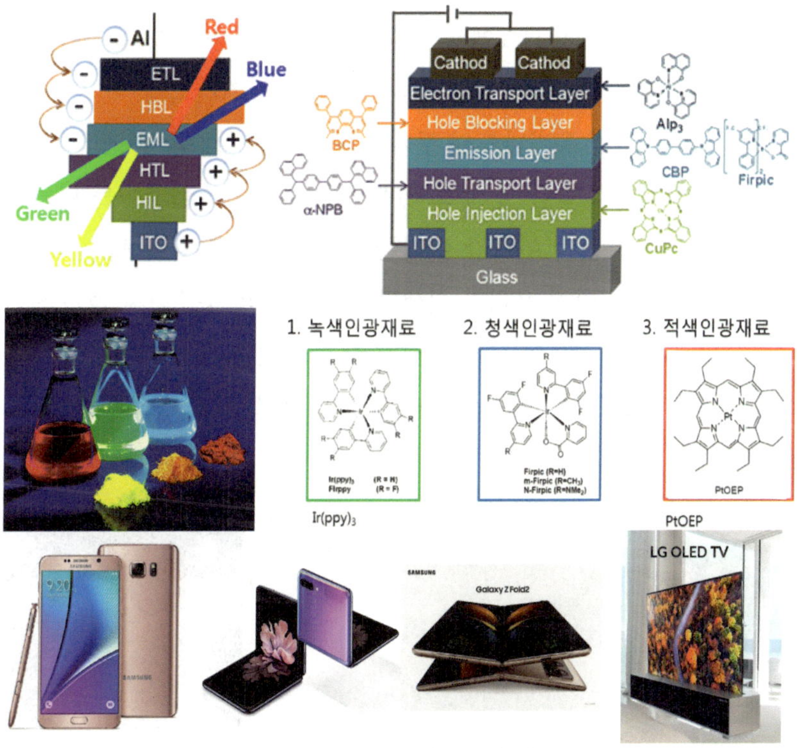

[그림 4] OLED 소자 구조 및 층별 유기재료,
유기반도체 발광재료,[5] 상용화된 OLED 제품들

2) OTFT (유기박막트랜지스터)

트랜지스터는 주로 전류를 껐다가 켜주는 스위치 역할을 하며, 아주 짧은 순간에 전류의 공급을 조절하여 우리가 디스플레이로 동영상을 볼 수 있도록 해주는 핵심 소자이다. OTFT(Organic Thin-Film Transistor)는 게이트(G)와 소스(S), 드레인(D)의 세 전극으로 구성된 소자의 활성층에 기존의 실리콘이나 산화물반도체 대신에 유기반도체를 얇게 증착하거나 용액으로 코팅한 소자이다. [그림 5a]의 적색 부분에 해당하는 부분이 OTFT에서 가장 중요한 활성층으로, 유기반도체 물질의 특성에 따라 정공(+)을 흘려주는 p형 유기반도체, 전자(-)를 흐르게 해주는 n형 유기반도체 두가지 종류가 있다. 종이처럼 구부리거나 두루마리처럼 둘둘 말 수도 있는 플렉서블 디스플레이를 만들기 위해서는 OLED 뿐만 아니라 이러한 OTFT 소자도 같이 필수적으로 개발되어야 한다. 아직 우리가 실생활에 쓸 정도의 수준까지 높은 전하이동도, 안정성의 성능이 나오고 있지 않지만 언젠가는 우리 곁에서 디스플레이나 바코드를 대체할 RF-ID 태그, 가스 센서 등의 다양한 모습으로 보게 될 것으로 기대된다.

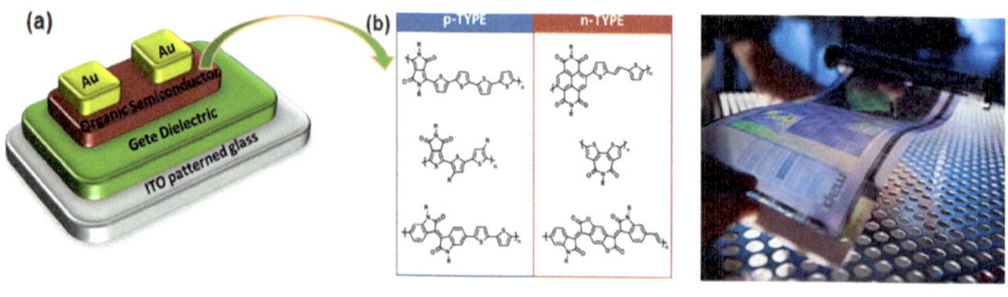

[그림 5] OTFT 소자 구조 및 유기반도체 재료의 예, OTFT가 적용된 플렉서블 디스플레이 시제품[6]

3) OSC (OPV, 유기태양전지)

유기태양전지는 OSC(Organic Solar Cell) 또는 OPV(Organic Photo Voltaic)로 불리운다. 기존의 실리콘(Si) 태양전지 대신에 태양광을 잘 흡수하는 유기반도체 물질을 섞어서 빛에너지를 전기에너지로 바꾸어주는 소자이다. OLED와 비슷하면서도 좀더 간단한 구조를 가지며, 두 개의 전극 사이에 p형 유기반도체 고분자와 n형 유기반도체 저분자를 골고루 섞어서 100 나노미터 정도의 두께로 쌓아준다. 이처럼 두가지 반대 성격의 유기물 반도체를 섞어주는 형태를 '이종접합(BHJ)' 이라고 부르며, 이러한 공정 방식의 도입 이후 유기태양전지의 작동 효율에 큰 진보가 일어났다. 소자의 작동원리는 전기를 가해주어 디스플레이의 빛을 만들어내는 OLED와는 완전 정 반대이다. OSC에서는 빛에 의해 형성된 엑시톤이 두 반도체 물질의 계면에서 전자(−)와 정공(+)으로 분리되고, 각각 다른 쪽 전극으로 흘러가서 전류를 만들어낸다. 유기태양전지는 간단한 구조와 제조 방식 때문에 마치 공장에서 플라스틱 제품을 롤투롤 방식으로 찍어내듯이 값싸고 유연한 휴대용 태양전지의 역할을 할 수 있다. 한때 OLED의 성공에 힘입어 미국의 '코나카(Konarka)'라는 벤처 회사가 유기태양전지의 상용화를 시도했지만 수년 전 결국 파산한 적이 있었다. 연구자로서 기술의 개발, 완성도도 중요하지만 창업이나 상품화를 고려할 때는 고객 및 시장의 필요성을 읽을 수 있는 안목도 중요하다는 것을 일깨워주는 사례가 될 것이다. 이 기술은 동남아나 아프리카 오지처럼 전력망이 없는 곳에서 간단한 전기가 필요할 때 사용할 수 있는 적정기술의 개념으로 응용하는 것도 하나의 좋은 아이디어가 아닐까 싶다.

▶ 관련 영상자료

infinityPV – fast roll–to–roll (R2R) printing & coating (https://www.youtube.com/watch?v=zeVKiaif9po)

infinityPV organic solar cells – cutting & electrical contacting DIY (https://www.youtube.com/watch?v=4SJuIl–gd8g)

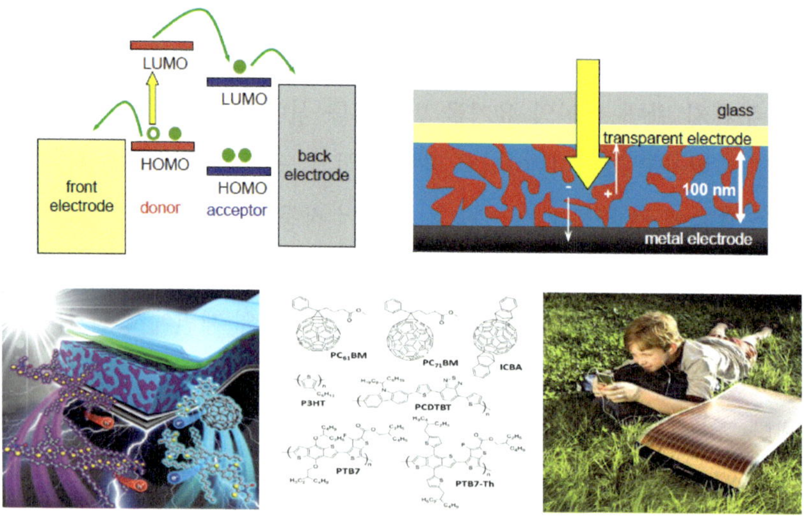

[그림 6] OSC 소자의 구조 및 작동 원리,[7] [8] OSC용 유기반도체소재의 예,[9] 플렉서블 유기태양전지 제품

4) 그 밖의 유기전자소자

이 외에도 현재 디카나 스마트폰의 카메라 사진 기능의 눈의 역할을 하는 CMOS 이미지 센서 분야에도 유기반도체 소재를 적용하는 연구가 삼성을 비롯한 산학연에서 진행되고 있다. 더 이상 빛을 감지하는 센서의 집적도를 낮출 수 없는 한계 상황에서 우선은 두 개 이상의 이미지

센서를 집어넣는 방식으로 문제를 해결하고 있다. 더 선명한 이미지를 얻기 위해서는 흡광효율이 우수한 광다이오드 역할을 할 수 있는 유기반도체를 OLED처럼 적층하여 집적도를 높이고 고해상도 센서를 만들어야 할 것이다. 또한 신재생에너지의 일종으로 두 면의 온도 차이에 의해 발생한 열에너지를 전기에너지로 바꾸어주는 유기열전소자의 연구도 진행중이다. 냉장고, 컴퓨터 등 전자기기의 잔열을 버리지 않고 전기로 바꿀 수 있을 뿐만 아니라 체온과 대기의 온도차이를 이용해 미세한 전류를 공급할 수 있어서 웨어러블 소자의 에너지 공급원으로도 사용될 수 있을 것이다. 이러한 유기전자공학 소자들의 연구개발 수준이 아직은 갈 길이 멀어 보이지만, 과학자들은 계속 도전할 것이고 결국 현실로 만들어 낼 것이다.

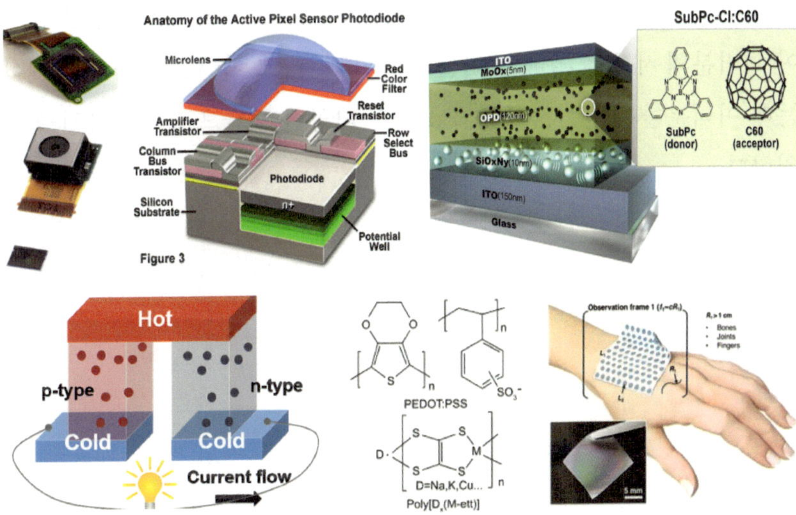

[그림 7] 위 : OCIS (유기 CMOS 이미지 센서) 소자 구조[10] 및 유기반도체 소재[11], 아래 : 유기열전소자 및 소재[12 13]

❹ 마무리하며…

지금까지 유기화학의 유기반도체 소재가 전자공학과 만나고 융합되어 유기발광디스플레이(OLED), 유기박막트랜지스터(OTFT), 유기태양전지(OSC), 유기열전소자, 유기이미지센서 등 다양한 소자에 연구되거나 응용되고 있는 것을 살펴보았다. 이러한 기술이 가능하도록 하는 데는 공학자들의 노력도 중요하지만, 핵심 물질인 유기전자재료를 합성하고 정제하여 기술의 문제를 해결하고 전자소자에 적용하는 화학자들의 역할도 매우 중요하다. 이미 상용화되어 우리 곁에 자리한 OLED처럼 또 다른 유기전자공학 분야가 성공하여 유익을 주길 기대한다. 뿐만 아니라 전자의 스핀을 전자공학에 접목하는 '스핀트로닉스', 바이러스에 전자공학을 융합한 '바이러스트로닉스', 생명과학에 유기전자공학적 기법을 도입한 '바이오 일렉트로닉스' 등 다양한 융합 공학이 여러분의 세대에 열매 맺기를 바란다. 그리고 이러한 일을 가능케하는데 여러분들이 과학자로써 곳곳에서 다양한 모습으로 기여하기를 응원한다.

참고문헌

1 https://www.chemistry1science.com/2021/05/organic-chemistry-and-periodic-table.html
2 https://www.kva.se/en/prizes/nobel-prizes/laureates/?c=100
3 Chem. Rev. 2018, 118, 14, 6766-6843
4 https://ko.yacooscience.com/preparation-and-application-of-pedot-pss-155090-83-8_n63
5 https://www.oled-info.com/merck-leads-new-consortium-develop-quantum-materials-light-emission
6 https://www.ibs.re.kr/cop/bbs/BBSMSTR_000000000735/selectBoardArticle.do?nttId=188
7 https://www.m2ngroup.nl/research/research_programs/organicsolarcells
8 https://www.ut.ac.kr/cme/sub04_02_03_09.do
9 '유기 태양전지의 기술현황 및 시장동향', KISTI 정보분석보고서, 2017. 10.
10 https://www.olympus-lifescience.com/ko/microscope-resource/primer/digitalimaging/cmosimage-sensors
11 'Surface plasmon enhanced Organic color image sensor', Scientific Reports, 2020, 10:219
12 https://mse.gist.ac.kr/fonl/sub02_01_03.do
13 https://www.e4ds.com/sub_view.asp?ch=2&t=1&idx=10030

05 생물 : DNA에 대해 더 알고 싶은 것들

이영만 아주대학교 다산학부대학 교수
아주대학교 과학영재교육원 중등생물융합 사사반 지도교수

DNA 백신, RNA 백신으로 세상이 떠들썩하다. 항원은 면역반응을 일으키는 물질이고, 백신이란 한 마디로 인공적으로 만든 항원을 의미한다. 항원 단백질을 암호화하는 유전자를 체내에 주입해서 우리 몸에서 항원 단백질을 만들어지게 하는 것이 DNA 백신이다. RNA 백신은 RNA를 주입해서 역시 항원 단백질이 만들어지게 한다. 몸에서 항원 단백질이 만들어지면 여기에 면역세포들이 반응해서 항체를 대량 생산할 수 있게 된다.

DNA의 유전자 정보는 RNA로 복사가 된 후 결국 단백질로 나타난다.

DNA는 구조는 이미 너무나 많이 알려져 있기 때문에 간단히 설명하고 그 외 DNA에 관련된 흥미로운 사실들을 소개하고자 한다.

❶ DNA란?

모든 생물은 유전물질로 DNA(Deoxyribonucleic acid)를 가지고 있다. DNA는 '뉴클레오티드라'고 불리는 단위 물질이 하나씩 하나씩 죽 길게 붙어 있는 것이다. 뉴클레오티드는 당, 인산, 염기로 이루어진 물질이다. DNA를 구성하는 염기에는 아데닌, 티민, 구아닌, 시토신이라고 하는 네 종류가 있다. 이 4개의 염기를 간단하게 A, T, G, C로 표시한다.

당과 인산기가 차례차례 나타나는 배열은 DNA 사슬의 뼈대를 이룬다. 염기들은 이 뼈대에서 튀어나와 있다. DNA는 두 개의 뉴클레오티드 사슬이 나선 모양으로 서로를 감싸고 있는 모습인데, 이는 마치 사다리가 꼬인 모양과 흡사하다.

염기들이 어떤 순서대로 나열되느냐에 따라 DNA가 가진 정보가 달라진다. 이 순서에 따라 우리의 혈액형이 A형이 되기도 하고 B형이 되기도 한다. 또는, 곱슬머리가 되기도 하고 곧은 머리가 되기도 한다. 염기들의 순서가 곧 유전 정보이다.

❷ 나의 DNA는 얼마나 크고, 얼마나 길까?

DNA는 한마디로 엄청 가늘고 긴 실처럼 생겼다.

그런데 나의 DNA는 얼마나 길까? 또 어디에 있을까?

우선, DNA는 우리 몸을 구성하는 각 세포의 핵 속에 들어있다. 사람 세포 핵 속에 46개의 염색체가 있고 그 속에 DNA가 나누어져 들어있다. 이 DNA 분자들을 하나로 연결하면 총 길이는 얼마일까?

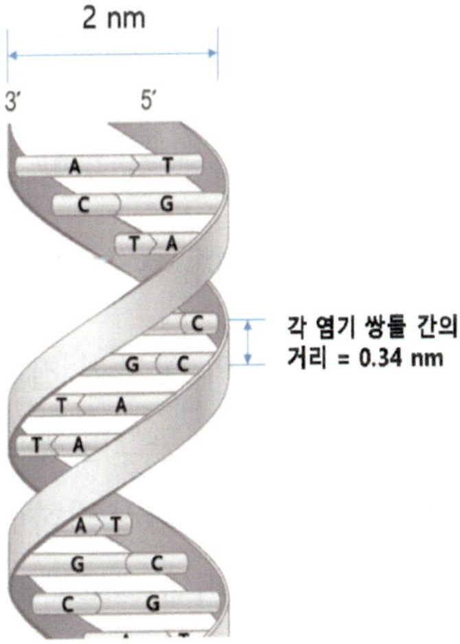

세포 하나에 들어있는 DNA의 총 길이를 구하려면 총 염기 수를 알면 된다. 사람의 체세포 하나에 들어있

는 전체 DNA는 대략 60억 염기쌍으로 구성된다(반수체인 정자나 난자에는 약 30억 염기쌍이 있으며 이것이 인간 게놈의 크기이다). DNA를 사다리로 생각하고 염기쌍과 염기쌍 사이를 사다리의 한 칸 사이로 생각해보자. 매우 기나긴 사다리가 있는데 한 칸의 길이가 0.34nm이고, 총 60억 칸이 있다고 보면 된다.

한 염기쌍과 그다음 염기쌍 사이의 거리가 0.34nm(10^{-9}m)이므로 60억 쌍으로 이루어진 DNA의 길이는 0.34nm에 60억을 곱한 값이 된다. 대략 2m 정도 값이 나온다. 사람 체세포에 들어있는 DNA를 죽 한 줄로 연결하면 보통 사람의 키보다 조금 큰 셈이다.

또한 DNA의 부피를 구해보면 핵의 부피가 최소한 얼마가 되어야 하는지 대략 구할 수 있다.

한 줄의 DNA 분자를 대략 원기둥이라고 생각하면 세포 하나에 들어있는 전체 DNA의 부피를 대략 구할 수 있다. 우선 밑면을 원으로 간주하면 DNA 분자의 폭(단면의 지름)이 2nm이므로, r에 1nm를 넣고 밑면의 면적 '$\pi \times r2$'을 구할 수 있다.

여기에 높이 2m를 곱하면 부피가 나온다.

원기둥 모양의 DNA가 찰흙처럼 모양이 자유자재로 바뀔 수 있다고 가정하고 DNA를 동그란 공 모양으로 만든다고 한다면 이 공의 부피는 얼마가 되겠는가? 다시 말하면 긴 원통형의 DNA를 구로 만들어 세포핵 속에 채워 넣으려면 세포핵의 반지름은 최소 얼마가 되어야 하겠는가?

'DNA 부피 = 4/3 πR3'에서 R을 구하면 된다. 위에서 구한 DNA 부피 값을 넣고 대략적으로 구하면 R이 1μm(마이크로 미터) 가량이 나온다.

실제 포유동물 세포 핵의 반지름은 평균 3μm라고 하니 충분히 DNA가 들어갈 수 있다.

너무 작은 단위라서 감이 잘 오지 않는다. 그래서 비유를 해 보자면, 핵 속에 2m 길이의 DNA가 들어가는 것은 총 길이 40km의 실 뭉치를 테니스 공에 넣는 것과 같다고 한다.

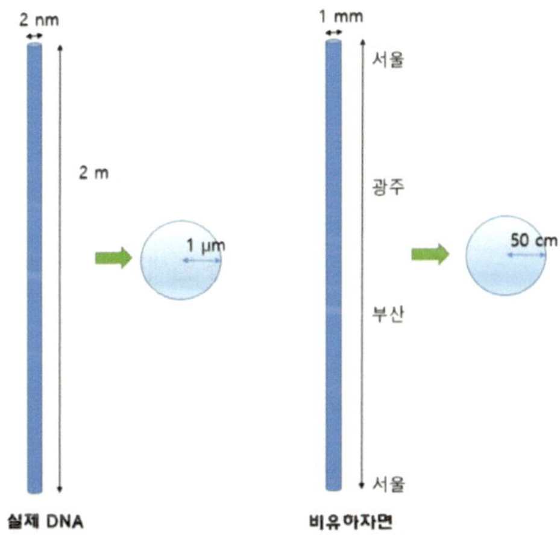

폭을 실제로 가늠할 수 있을 정도로 조금 더 키워보자. 즉, DNA의 폭과 길이를 50만 배씩 늘려보면 DNA 폭이 1mm가 되고 길이는 1000km다. 1000km는 서울에서 광주를 거쳐 부산에 갔다가 다시 서울로 돌아오기까지의 거리와 얼추 비슷하다. 이때 부피를 계산해보면 반지름이 50-60cm 쯤인 공이 된다. 만약에 길이가 1000km인 DNA가 있고 이 DNA를 작은 가방에 넣는다면, 최소 50cm 반지름의 가방이 있어야 된다는 얘기다. 가방을 준비했다면 다음에는 실을 집어넣는 문제가 있다. 아무렇게나 우겨 넣는다면 당연히 다 집어넣지 못할 것이다. 예쁘게 실타래를 만들어서 차곡차곡 담아야지 가능한 얘기다.

실제로 핵 속에서 DNA는 히스톤이라고 부르는 단백질을 예쁘게 감은 상태로 배열되어있다. 인간 세포 하나에는 6천만 개의 히스톤이 있다. 히스톤과 DNA가 응축되어 뭉치면 현미경으로도 관찰이 가능한데, 이것을 염색체라고 부른다.

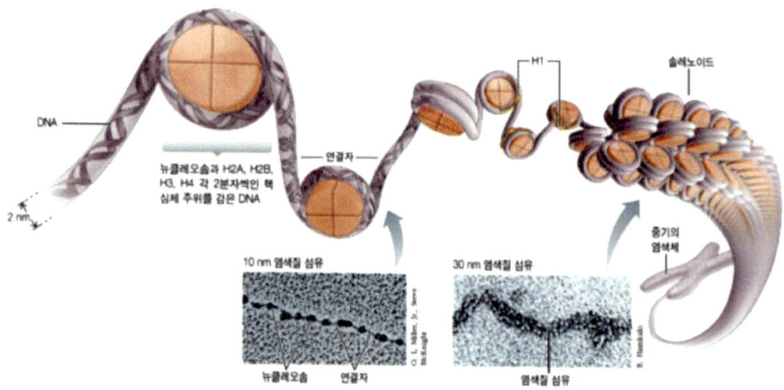

[그림 1] 진핵생물 염색질과 염색체에서의 조직화 단계[1]

❸ 너와 나의 DNA는 얼마나 다를까?

우리는 똑같은 인간이다. 살아가는 데 꼭 필요한 유전자가 너에게는 있는데 나에게는 없을 리는 없다. 우리는 같으면서도 다르다. 과연 얼마나 다를까?

즉, 사람 간의 DNA 염기서열 차이는 어디서 나며 얼마나 될까?

우선, DNA 지문 검사에 사용되는 STR이 있다. STR은 'Short Tandem Repeat'의 약자로 '짧은 연속 반복서열', 혹은 '짧은 직렬 반복'이라고 할 수 있다.

영화 '내안의 그놈'에서 고등학생이 된 박성웅이 DNA 지문검사 친자 확인서를 확인한다. 너무 짧게 지나간 장면이라 기억이 안 나겠지만, 검사서에는 다음과 같이 쓰여 있다.

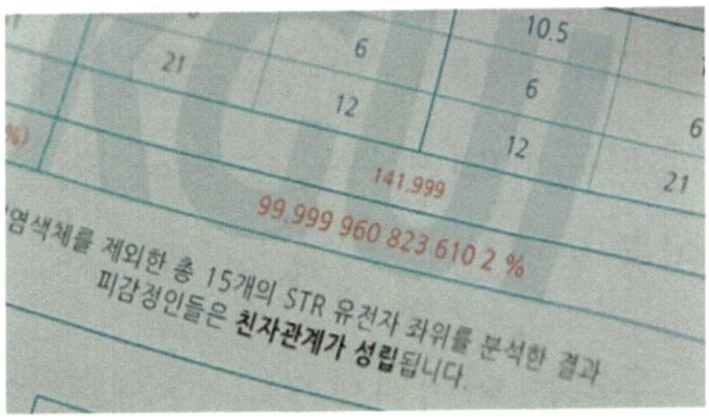

[그림 2] 영화 '내안의 그놈' 중

"....총 15개의 STR 유전자 좌위를 분석한 결과... 친자 관계가 성립됩니다."

이 영화뿐만 아니라 온갖 드라마에서 친자 확인 장면이 쏟아진다. 특히 소위 막장 드라마에서는 그런 장면을 보지 못하는 것이 오히려 더 어려울 정도다.

왜, STR 유전자 좌위(자리)를 분석하는 걸까? 먼저 유전자 좌위라는 것은 말 그대로 염색체에서의 유전자 자리를 의미한다. 비유하자면, "학급에서 나의 좌위는, 창가에서 두 번째 줄에, 앞에서는 세 번째 자리이다"라고 말하는 식이다.

우리의 DNA 염기서열 중에는 반복되는 서열이 많이 있는데, 그 중 STR은 매우 짧은 서열이 반복되는 구조다. 2개~6개의 짧은 염기서열 반복 단위가 여러 번 반복되는 구조로 이를테면 아래와 같은 서열들이다.

"GTAGTAGTAGTAGTA..."

이 서열은 반복 단위가 GTA이며, GTA가 5번 반복된다.

혹은 "GCATGCATGCATGCAT...."과 같은 서열도 있을 것이다. 여

기서는 GCAT가 4번 반복되었다.

STR 유전자 좌위를 이용하여 어떻게 친자확인을 할 수 있을까?

STR 좌위에서 사람마다 차이가 있기 때문인데, 반복 단위의 서열이 다르다기보다는 반복되는 횟수가 다르다. 너는 GTA가 세 번 반복되는데 나는 10번 반복될 수 있다. 이 반복 횟수 차이를 이용하면 사람 간 차이를 판별할 수 있다.

우리는 어머니로부터 한 세트, 아버지로부터 한 세트의 염색체를 받는다. 어머니로부터 23개, 아버지로부터 23개의 염색체를 받아서 총 46개, 즉 23쌍의 염색체를 가진다. 앞에서 말한 것처럼 염색체에 DNA가 있고 DNA의 특정 부위에 유전자가 있다. 그래서 동일한 유전자의 각기 다른 두 가지 버전을 물려받는다고 생각하면 된다. 염색체를 책에 비유하자면, 어머니, 아버지로부터 각각 책 23권으로 된 한 세트씩 받는다고 할 수 있다. 제일 큰 책이 1권, 그다음으로 큰 책은 2권... 이런 식으로 제일 큰 염색체가 1번 염색체이다. 작아질수록 숫자는 커진다. (21번과 22번만 예외로 21번 염색체가 더 작다).

아무튼, 이 책에는 유전정보가 적혀있다. 유전자는 단백질에 대한 정보를 담고 있다. 단백질을 요리에 비유하면, 유전자는 특정한 요리에 대한 설명서라고 할 수 있다. 어머니가 준 책과 아버지가 준 책은 크기와 모양은 같다. 그 속에 각 요리들의 순서도 같다. 부모가 준 두 책의 같은 페이지에는 같은 요리가 있다. 그런데, 그 내용은 같을 수도 있고, 다를 수도 있다. 예를 들면, 어머니는 고추장을 많이 넣는데, 아버지는 설탕을 많이 넣으라고 적힐 수 있다. 각기 다른 설명서를 대립유전자라고 부른다. 오징어볶음 설명서가 유전자라고 치면, 각각의 버전, 즉 어머니의 고추장 버전과 아버지의 설탕 버전은 대립유전자다.

STR 좌위도 마찬가지다. 각 좌위에 대해 어머니와 아버지로 물려받은 두 개의 서열을 가진다.

예를 들어, GTA가 반복단위인 어떤 STR 좌위가 있다고 치자. 엄마는 GTA가 열 번 반복되는 염색체와 아홉 번 반복되는 염색체를 가진다고 하자. 또, 아빠는 여덟 번 반복되는 염색체와 일곱 번 반복되는 염색체를 가진다고 하자. 그러면, 자식은 총 4가지 조합이 가능하다. 어머니, 아버지로부터 하나씩 물려받으므로 열 번 반복되는 염색체와 일곱 번 반복되는 염색체를 가질 수 있다. 혹은, 열 번-여덟 번, 아홉 번-일곱 번, 아홉 번-여덟 번 반복 염색체를 받는 일이 모두 가능하다. 이렇게 부모의 STR 반복횟수와 자식의 반복횟수를 비교하면, 부모 자식 간의 관계를 확인할 수 있다.

'내 안의 그놈' 영화에 나오는 검사서에서는 15군데라고 쓰여 있다. STR 좌위 1군데만 검사한다면 친자가 아닌데도 우연히 일치할 확률이 있기 때문에, 15군데를 비교하는 것이다. 15군데가 모두 우연으로 일치할 확률은 너무너무 적을 테니까...

그렇다면 이 반복되는 횟수를 어떻게 확인하는 걸까? STR 좌위를 증폭시켜서 눈으로 확인하는 방법이 있다. PCR과 전기영동 방법을 쓰면 되는데, PCR은 한마디로 얘기하면 세포 안에서 일어나는 DNA 복제과정을 시험관에서 흉내 내어 DNA의 양을 증폭시키는 방법이다. 전기영동은 DNA 조각들을 크기에 따라 분리하는 방법이다.

아무튼, STR 좌위의 반복단위의 반복되는 횟수가 많을수록 PCR 반응 결과 더 큰 크기의 DNA 즉, 더 긴 DNA 조각이 얻어진다. 길고 짧은 정도는 전기영동으로 확인할 수 있으므로 PCR 반응과 전기영동을 통해 친자확인이 가능하다.

반복 횟수에 따라서 전기영동 시 나타나는 DNA의 패턴이 달라지고 이 패턴은 마치 지문처럼 사람마다 달라서 DNA 지문이라 불린다.

예를 들어, 엄마, 아빠, 아이 이렇게 세 명에서 각각 2군데 STR 좌위를 PCR로 증폭하였다고 치자. (가) - (다)가 누구의 PCR 산물인지 모르게 무작위로 전기영동으로 분리해서 다음과 같은 결과가 나왔다면 (가) - (다) 중 아이는 누구일까?
(각 선이 DNA 밴드이고 위에서 아래로 갈수록 작은 DNA 조각(반복횟수가 적은)이다.

(나)는 (가)와 DNA 밴드 두 개가 일치하고, 또 (다)와 두 개가 일치하므로 (나)가 (가)와 (다) 사이에서 태어난 아이임을 알 수 있다.

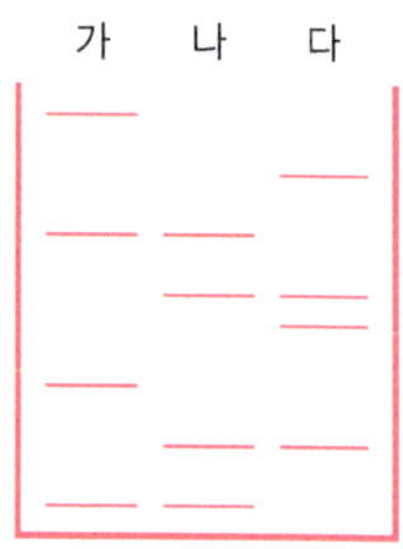

물론 두 군데 좌위만으로 예를 든 것이고, 실제로는 10군데 이상 실행하여 확률을 높인다.

DNA 지문검사는 용의자에서 범인을 가릴 때, 친자를 확인할 때, 혹은 전쟁 전사자들의 유골의 가족관계를 확인할 때 등 여러모로 사용될 수 있다.

이렇듯 너와 나의 차이를 STR 좌위 분석으로 판별할 수 있지만, STR을 이용한 DNA 지문 분석에도 한계는 있다. STR 좌위를 분석하기 위해서는 반드시 DNA 샘플이 있어야 한다. DNA양이 너무 적거나 분해되어 산산조각 된다면 PCR 반응에서 결과를 얻기 힘들다.

사람 간의 차이는 당연히 STR이 전부가 아니다.

SNP는 Single Nucleotide Polymorphism의 약자로 '스닙'이라고 부른다. 그대로 해석하면 단일 염기 다형성인데, 하나의 염기가 여러 형태가 있다는 뜻이다. 무슨 소리냐면, 특정한 자리에 있는 한 염기가 사람마다 다르다는 것이다. 평균적으로 100~300개 염기마다 하나씩은 너와 내가 다른 염기를 가진다. 가령 어떤 염기부터 시작하여 199번째 염기까지는 너와 내가 똑같은 서열을 가지는데, 200번째 염기가 다른 것이다. 두 사람의 염색체의 어떤 위치를 꼭 집어서 비교를 했더니, 너는 ...AGTTCGTA...라는 서열을 가지는데, 나는 ...AGTACGTA.... 라는 서열을 가질 수 있다는 것이다. 만약 한 반에 있는 학생들을 다 조사한다면, 어떤 학생들은 밑줄 친 위치에 T를, 어떤 학생들은 A를 가질 수 있다. 밑줄 친 위치의 염기 하나가 이렇게 사람마다 다양한 서열을 가진다는 뜻이다.

지금까지 밝혀진 SNP는 100만 곳이 넘는다. 인간 게놈의 크기가 약 30억이므로 30억을 100만으로 나눈 값인 300개 염기 당 하나라는 얘기다. 퍼센트로 따지면, 전체 서열 중 0.1%가 된다.

SNP 차이에 따라 일어나는 생명현상이 달라질 수 있다. 예를 들면, 어떤 위치에 T인 사람은 어떤 약을 먹어도 아무런 효과가 없고, A인 사람은 효과가 매우 좋을 수 있다. 혹은 G인 사람은 어떤 질병에 걸리기 쉽고, A인 사람은 그렇지 않을 수 있다. 이런 데이터는 사람에 따라 맞춤 처방을 할 수 있도록 신약개발에 참고할 수 있다.

❹ 세포 하나에 들어있는 DNA의 정보량은?

USB와 DNA의 공통점은 무엇일까? 둘 다 영어 약자인 것 외에 정보를 저장한다는 공통점이 있다. USB 플래시 드라이브는 플래시 메모리를 이용한 이동형 저장 장치이다. USB는 0과 1의 디지털 신호로 데이터를 저장하고, DNA는 A, T, G, C 4개의 염기로 유전정보를 저장한다.

가장 단순한 형태의 디지털 데이터는 단지 0과 1로 기록된다. 비트는 데이터를 나타내는 최소 단위다. 모든 데이터는 0과 1의 조합으로 구성되는데, 이 0 또는 1이 하나의 비트가 된다. 2진법의 0과 1은 '디지털의 아버지' 클로드 섀넌(Claude Shannon)에 의해 '비트(bit)라는 정보 단위의 이름을 얻었다. 컴퓨터 프로그램이든 영화 파일이든 일련의 0과 1들로 구성된다.

바이트(byte)는 8비트로 구성되는 정보의 기본단위이다.

생명현상의 정보를 담고 있는 DNA는 A, T, G, C 네 종류의 염기로 구성되므로 DNA도 이 2진수 체계와 밀접한 관계가 있다.

그럼, 염기 하나는 몇 비트에 해당하는 걸까? 다시 말하자면, 염기 하나를 지정하려면 몇 비트가 필요할까? 이 말은 0과 1만으로 네 종류의 염기를 표시하라는 것과 마찬가지이다. 4개의 염기는 아래 그림처럼 각각 00, 01, 10, 11과 같은 식으로 표시할 수 있다. 염기 하나를 표시하기 위해 두 자리가 필요하다. 즉, 한 종류의 염기는 2비트로 표시된다. 1 바이트(byte)가 8비트이므로, 염기 4개를 묶으면(2비트 × 4) 1바이트를 구성할 수 있다.

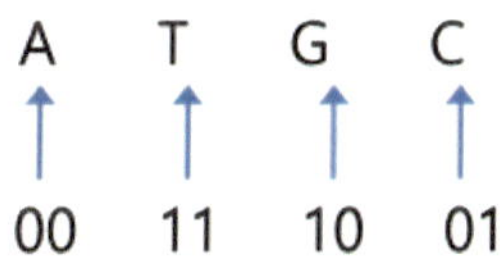

사람 세포 하나에는 얼마의 정보량이 들어있을까? 작은 세포 하나마다 한 개체의 게놈이 있다. 게놈(genome)은 한 생물이 가지는 전체 유전정보를 의미한다. 인간 게놈은 약 30억 쌍의 염기로 구성되므로 단순한 계산으로도 구할 수 있다. 4개의 염기가 있어야 1바이트를 구성하므로 30억 개의 염기가 몇 바이트인지는 30억을 4로 나누면 알 수 있다. 이 수는 약 7억 5천만으로, 하나의 정자나 난자 세포 속 DNA에는 약 7억 5천만 바이트(715 MB)에 해당하는 정보가 들어있는 셈이다. 요즘은 CD를 잘 사용하지 않지만, 대략 CD 한 장 정도의 정보량에 해당한다.

만약 32기가바이트(GB)의 USB 하나를 가지고 있다면, 이와 같은 정보량을 가지기 위해 세포 몇 개가 있어야 할까? 32GB는 32×1024MB이므로 이 숫자를 다시 715MB로 나누면 대략 45가 나온다. 서로 다른 DNA를 가진 세포 45개를 한데 모으면 정보량이 약 32GB의 USB와 비슷해진다.

질량으로 따진다면, 이론적으로 1g의 DNA 속에 455엑사바이트

(EB)의 데이터를 저장할 수 있다(엑사 바이트는 10^{18} 바이트를 의미한다). 이것은 2GB 용량의 동영상을 약 2,440억 편을 저장할 수 있는 양이다. 이렇듯, DNA는 정보 저장 밀도가 매우 높고, DNA를 이용해서 정보 저장 장치를 만들려는 시도까지 이미 이루어지고 있다.

참고문헌

1 그림 출처 : 생명과학 기초와 응용-라이프 사이언스

4호

과학과 예술의 상호작용

1. 수학 : 에셔는 알람브라 궁전에서
   무엇을 보았을까?
2. 정보 : 디지털 신대륙, 메타버스
3. 물리 : 과학적 모형
4. 생물 : 호주에는 다른 대륙에서 볼 수 있는
   동물과는 다른 동물을 볼 수 있다.

01 수학 : 에셔는 알람브라 궁전에서 무엇을 보았을까?

정은경 아주대학교 다산학부대학 교수
아주대학교 과학영재교육원 중등수학융합 심화반 지도교수

여러분은 여행을 다니면서 무엇을 보나요?

[그림 1] 에셔, 1898~1972

마우리츠 코르넬리스 에셔(Maurits Cornelis Escher, 1898년~1972년)라는 미술가가 알람브라 궁전에서 본 것을 저는 이야기해보려고 합니다. 에셔는 원래 풍경을 그리던 판화가였습니다. 그러다 1936년 스페인 그라나다의 알람브라 궁전을 방문해 벽과 기둥에 새겨진 패턴에 매료됩니다. 그 후 평면 우주에서 무한히 반복되는 기하학적 무늬를 미술에 응용해 테셀레이션 작품의 아버지라는 칭호를 받기도 합니다.

❶ 테셀레이션(Tessellation)

테셀레이션이란 도형을 겹치지 않으면서 빈틈없이 평면을 채우는 것을 의미합니다. 라틴어로 'tessela'가 모자이크를 만들 때 쓰이는 작은 조각들을 의미하니 그런 작은 조각들을 붙이는 일이 되겠습니다. 이 도형을 타일(tile)이라고도 부르기 때문에 타일링(tiling)이라고도 하며 우리말로는 쪽매맞춤 또는 쪽매붙임이라고도 합니다. 우리 주위에서 흔히 볼 수 있는 보도블록이나 욕실의 타일들도 모두 같은 모양의 도형을 이어붙인 테셀레이션의 결과입니다.

보도 블럭 | 가방 | 안경집 | 벽

[그림 2] 일상생활에서 만나는 테셀레이션

테셀레이션은 도형을 이어 붙이는 조건에 따라 구분될 수 있습니다. 이미 많은 문제와 해답이 제시되어 있지만, 어떤 조건으로 구분할 수 있을지 혹은 어떤 모양이 가능할지 스스로 생각해보면 또 하나의 재미가 될 것입니다. 예를 들어, 한 정다각형으로만 평면을 빈틈없이 채울 수 있을까, 있다면 어떤 정다각형일까, 또는 두 종류만의 정다각형으로 테셀레이션이 가능할까, 가능하다면 몇 종류의 테셀레이션이 가능할까, 정다각형이 아닌 도형들로는 테셀레이션이 가능할까, 한 도형으로만 테셀레이션이 가능할까 등 여러 가지 문제들과 그 답을 고민해 볼 수 있을 것입니다.

[그림 3] 여러 종류의 정다각형으로 가능한 테셀레이션의 예

[그림 4] 테셀레이션이 가능한 5각형 "PentagonTilings15" by EdPeggJr(W)

[그림 3]은 여러 종류의 정다각형으로 만들어진 테셀레이션의 예입니다. 어떤 정다각형들이 어떻게 모여있나요? 또 다른 방법으로 가능할까요?

[그림 4]는 한 오각형으로 테셀레이션이 가능한 모든 경우를 나타낸 그림입니다. 마지막 15번째 오각형은 2015년에 발견되었고, 그리고 더 이상 없고 15가지뿐이라는 것은 2017년 Rao에 의해 증명됩니다.

❷ 알람브라 궁전과 벽지군

에셔는 알람브라 궁전에서 벽을 장식하고 있는 문양들을 봅니다. 위의 장식을은 모두 평면을 빈틈없이 채우고 있는 테셀레이션으로, 하나의 다각형으로만 이루어져 있는 것은 아니지만 일정한 패턴이 '적절한 이동'을 통해 '복붙(복사하기+붙이기)'으로 평면을 채우고 있습니다. 이 '적절한 이동'을 대칭변환이라 부릅니다.

[그림 5] 알람브라 궁전과 그 내부의 벽

대칭변환에는 평행이동변환, 회전변환, 수직(수평)반사변환, 미끄럼 반사변환이 있습니다. 평행이동변환은 대상을 그대로 평행하게 이동시킨 것입니다. 회전변환은 회전축을 중심으로 회전시켜 얻는 변환입니다. 수직(수평) 반사변환은 수직(수평)선을 대칭축으로 하여 얻어지는 변환입니다. 마지막 미끄럼 반사변환은 먼저 평행이동변환을 한 뒤 미끄럼 축을 대칭축으로 하는 반사변환을 얻어지는 변환입니다. 그리고 어떤 대칭변환이 사용되었느냐에 따라 벽지군의 테셀레이션을 구분할 수도 있습니다. 아래의 그림들은 각 변환의 예시입니다.

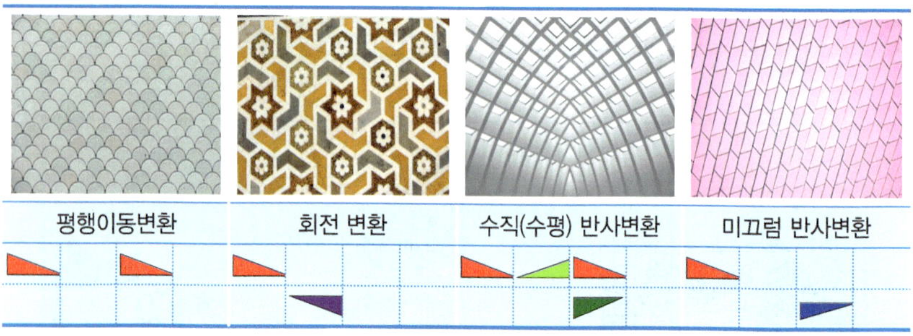

[그림 6] 대칭변환

[그림 7]을 봅시다. 원 도형을 겹쳐서 만들어낸 무늬처럼 보일 수도 있지만 각 원의 중점을 서로 이어보면 정사각형, 직각이등변삼각형이 대칭과 회전이동으로 반복되고 있다는 것을 확인할 수 있습니다. 이렇게 같은 패턴이 반복되는 테셀레이션을 '주기적 테셀레이션'이라고 합니다.

[그림 7]

그렇다면 대칭이동을 통해 평면을 채울 수 있는 테셀레이션의 방법은 얼마나 많을까요? 수학자들은 주기적 테셀레이션의 종류가 17가지라는 사실을 증명해냈습니다. 놀랍게도 에셔가 방문했던 그 오래전에 지어진 알람브라 궁전에는 이 17가지의 테셀레이션이 모두 사용되었습니다. 그 당시 아랍인들은 어떻게 서로 다른 문양들을 찾아내었는지 참 신기한데, 알람브라 궁전을 '대칭의 성지'라 불리는 이유이기도 합니다.

테셀레이션은 위에서 설명한 대칭변환의 사용을 기준으로 문양들을 다음과 같이 분류합니다.

가장 먼저 회전변환이 있는가 살펴봅니다. 모든 그림은 회전축을 잡아 360도 회전하면 처음과 같은 모양을 얻게 됩니다. 그런데 이렇게 한 바퀴 돌 때 처음 그림과 같아지는 최대 수를 '회전수'라 합니다. 즉 회전수 1이라는 말은 회전변환이 없다는 의미이고, 회전수 3이라는 것은 120도 회전할 때마다 처음 문양과 같아지는 것을 의미합니다. 이렇게 회전수로 나눈 후, 반사변환(수평 혹은 수직)이 있는지 살펴보고, 그 후 다른 문제들을 살펴보면서 아래와 같이 17가지의 벽지군을 분류합니다.

<table>
<tr><th rowspan="2">회전수</th><th colspan="4">반사대칭(reflection)이 있는가?</th></tr>
<tr><th colspan="2">예</th><th colspan="2">아니오</th></tr>
<tr><td rowspan="2">1</td><td rowspan="2">미끄럼 반사변환 축이 반사변환 축과 다른가?</td><td>예 cm</td><td rowspan="2">미끄럼 반사변환이 있는가?</td><td>예 p1</td></tr>
<tr><td>아니오 pm</td><td>아니오 pg</td></tr>
<tr><td rowspan="4">2</td><td rowspan="2">수직 수평 반사대칭이 모두 있는가?</td><td>예(회전수4)</td><td rowspan="4">미끄럼 반사변환이 있는가?</td><td rowspan="2">예 pgg</td></tr>
<tr><td>아니오 pmg</td></tr>
<tr><td rowspan="2">반사변환 축 위에 회전변환 중심이 있는가?</td><td>예 pmm</td><td rowspan="2">아니오 p2</td></tr>
<tr><td>아니오 cmm</td></tr>
<tr><td rowspan="2">3</td><td rowspan="2">회전변환 중심이 반사변환 축위에 없는 것이있는가?</td><td>예 p3lm</td><td colspan="2" rowspan="2">p3</td></tr>
<tr><td>아니오 p3m1</td></tr>
</table>

회전수	반사대칭(reflection)이 있는가?		
	예		아니오
4	45도에서 반사변환이 있는가?	예 p4m 아니오 p4g	p4
6	p6m		p6

[그림 8] 벽지군 분류, 각 기호는 pmg와 숫자를 이용해서 벽지군의 이름을 붙인 것이다

[그림 9]의 전통문양들을 분류해볼까요? 두 문양은 모두 회전을 찾을 수 없습니다. 더구나 왼쪽 문양은 반사 대칭변환을 찾을 수 없습니다. 하지만, 오른쪽 문양은 수직 반사변환을 찾을 수 있습니다. 따라서 각각 p1, pm이 됩니다.

[그림 9] 전통문양, 출처: 문화포털

아래의 문양들을 분류해보세요.

①	②	③	④
			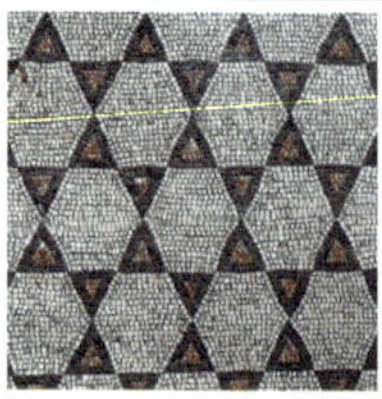

⑤	⑥	⑦	답
			① p4m ② p4 ③ p3m1 ④ p3 ⑤ pgg ⑥ cmm ⑦ p4g

❸ 나만의 벽지 만들기

우리도 벽지군에서 사용된 대칭이동인 평행이동 변환, 회전변환, 수직(수평) 반사변환, 그리고 미끄럼 반사변환을 이용해서 나만의 그림을 그려봅시다. 그림에 자신이 없다고요? 아래의 사이트에 들어가 보세요.

https://eschersket.ch/

왼쪽 메뉴에서 그리기 도구를 선택한 후 선을 그린 후, 그 아래 symmetries에서 p1부터 차례로 누르면서 그 변화를 살펴봅시다.

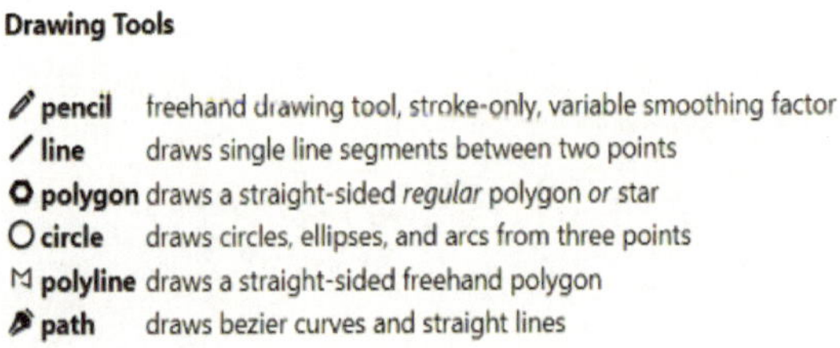

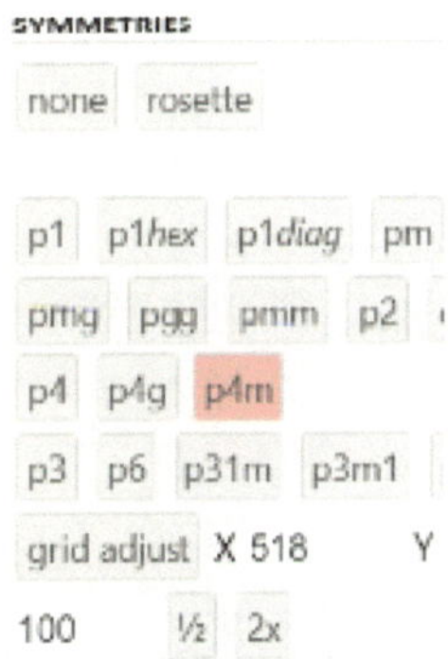

(예)

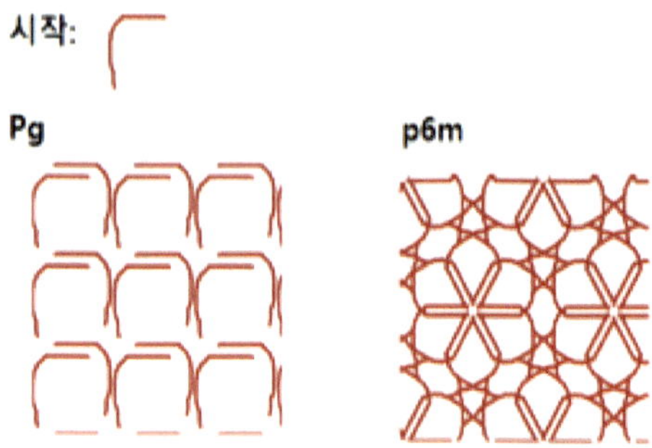

회전과 반사변환이 간단한 선 하나를 예쁜 그림으로 만들어 주지요?

우리도 주변의 아름다움 속에 어떤 수학이 숨어있는지 관찰하고 호기심을 갖으며 찾아보아요.

그림출처

1 [그림 4] EdPeggJr 작, PentagonTilings.svg, CC BY-SA 4.0 <https://creativecommons.org/licenses/by-sa/4.0>, via Wikimedia Commons

2 [그림 9] "문화포털"에서 서비스 되는 전통문양을 활용하였습니다.

02 정보 : 디지털 신대륙, 메타버스

고종원 아주대학교 소프트웨어학과 교수
아주대학교 과학영재교육원 중등정보융합 사사반 지도교수

메타버스(Metaverse)란 가상, 초월을 의미하는 메타(Meta)와 현실세계를 의미하는 유니버스(Universe)의 합성어로, 가상세계와 현실세계가 융합 및 상호작용하는 3차원 초현실 세상을 의미한다. 1992년 닐 스티븐스의 공상과학소설 『스노우크래시(Snow Crash)』에서 메타버스와 아바타라는 개념과 용어가 처음 등장했으며, 30년 전의 소설에서 이제야 구현 가능한 메타버스의 기술적 내용을 상세히 설명하고, 소설 인물들은 가상세계인 메타버스에 자신의 가상 신체인 아바타로 들어간다는 개념을 기술하고 있다.

[그림 1] 메타버스 세계를 잘 보여주는 영화 "레디 플레이어 원"

메타버스는 아바타를 통해 정치, 경제, 사회, 문화의 전반적 측면에서 현실과 비현실 모두 공존할 수 있는 생활형, 게임형 가상세계라는 의미로 폭넓게 사용되고 있으며, 가상현실(VR), 증강현실(AR), 인공지능(AI) 등의 기술발전으로 가상과 현실이 결합해 새로운 차원의 경험을 제공하는 메타버스 시대로의 전환이 가속되고 있다.

❶ 메타버스(Metaverse)의 등장과 쇠퇴-과도기-재유행

2000년대 후반 3D 가상현실 플랫폼인 세컨드라이프(Second Life)가 대유행하며 메타버스에 대한 관심이 폭발했으나 반짝 유행하며 쇠퇴했다. 이는 기술적 제약 및 콘텐츠의 제한, 트랜드 변화에 대한 대응 미흡이 그 원인이었다. 그리고 2010년 ~ 2020년대 메타버스 용어는 이슈화되지 못했지만, 가상 융합 관련 산업인 XR(AR, VR), 디지털 트윈 시장은 지속해서 성숙하였고, 2020년대 들어 로블록스, 포트나이트 등 가상세계 플랫폼 인기와 코로나-19 상황 등이 맞물려 메타버스의 관심도가 다시 증가하였다. 현재 2000년대 후반과 주요 서비스의 큰 차이는 없으나 시장변화, 기술발전, 콘텐츠 다양화 등의 기반 마련을 통해 지속 성장을 기대하고 있다.

❷ 가상현실(VR)과 증강현실(AR)

가상현실(VR:Virtual Reality)은 현실 세계가 아닌 가상세계를 체험할 수 있는 기술이다. 여기서 가상의 체험이란 인공적으로 만들어진 특정 상황이나 환경을 경험하는 것을 말한다. 또한, 이러한 가상현실 속의 사물이나 환경과 상호작용이 가능하도록 하는 모든 기술을 포함한다.

가상체험에서 활용되는 감각은 기본적으로 시각과 청각이지만, 미각, 후각, 촉각까지 범위가 확대되고 있다. 따라서 가상체험의 몰입을 높이기 위하여 컴퓨터그래픽 기술과 입출력 장치 기술이 필수적이다. 가상현실의 영상 출력 장치로는 머리에 쓰는 표시장치(HMD : Head

Mounted Display)가 대표적이다. HMD는 삼성 기어VR, 오큘러스 리프트, HTC 바이브(Vive), 플레이스테이션 VR 등 많은 회사에서 상용화하여 판매하고 있다. 최근엔 VR 카페에서도 가상현실을 쉽게 경험해볼 수 있다. HMD를 쓰고 롤러코스터나 바이킹 등의 놀이기구를 체험할 수 있고, 해외 유명관광지나 바닷속처럼 쉽게 갈 수 없는 곳도 가상현실을 통해서 경험할 수 있다. 또한, 군사 분야에서 비행기나 헬기, 탱크 등의 모의 비행, 주행이나 낙하산 훈련 및 전쟁에 대비한 모의훈련 분야에도 많이 활용된다. 이렇듯 현재는 군사, 의료, 교육, 게임과 오락 분야 등에서 가상현실이 활용되고 있으나, 관련 기술의 발전에 따라 가상현실 시장은 점점 커질 것으로 예상한다.

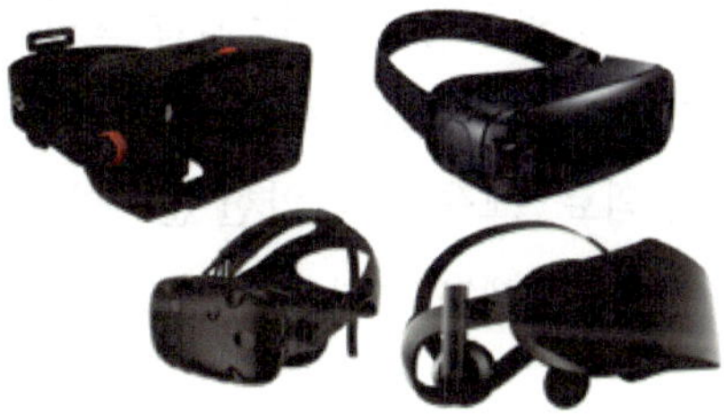

[그림 2] 가상현실 영상 표시장치 HMD

증강현실(AR: Augmented Reality)은 사용자가 직접 보거나 카메라가 비춘 현실 세계의 영상에 가상의 물체나 필요 정보를 합성하여 현실 세계에 존재하는 사물처럼 표시하는 컴퓨터그래픽 기술이다. 증강현실은 말 그대로 사용자가 보는 현실 세계를 그대로 경험하면서 실시간으로 현실 상황에 맞추어 부가적으로 가상의 디지털정보를 덧붙여 현실 세계를 강화하는 기술이다.

증강현실의 예로 실제 도로 영상에 방향이나 교통정보 등을 가상 이미지로 보여주는 내비게이션을 들 수 있다. 국내의 한 업체에서는 신호등과 도로 표시를 잘 보이도록 하고 앞차와의 간격, 차선, 신호 등을 감지하여 운전자에게 필요한 정보를 표시하는 증강현실 내비게이션을 발표했다. 또한, 2016년에 출시된 애플리케이션 게임인 포켓몬고(PokemonGo)는 전 세계적으로 선풍적인 인기를 끌었다. 우리나라도 예외가 아니어서 포켓몬 캐릭터인 몬스터가 자주 나타나는 강원 지역에 사람이 몰리는 현상까지 나타났을 정도이다. 포켓몬고는 GPS 위치 기반과 증강현실 기술을 이용해서 스마트폰 화면에 나타나는 몬스터를 잡는 게임으로 증강현실이 게임에 적용된 적절한 사례이다.

증강현실은 영상을 표시하는 HMD와 같은 특별한 장치 없이 스마트폰만으로 체험할 수 있어 가상현실보다 쉽게 대중화될 수 있다. 특히 구글과 애플, 마이크로소프트는 증강현실에 관한 많은 연구를 진행하고 있으며, 허공에 떠 있는 섬을 둘러보면서 게임을 즐기는 ARise 같은 증강현실 게임도 발표되고 있다. 현재 게임과 패션, 가구 제조, 내비게이션, 의료, 교육 등 다양한 분야에서 증강현실 기술이 활용되고 있으며, 최근에는 제조업 분야에서도 증강현실 기술 활용이 접목되고 있다.

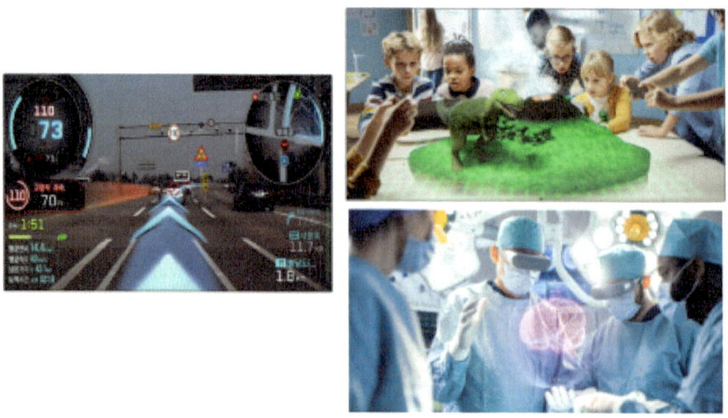

[그림 3] 증강현실 내비게이션과 증강현실 체험[1]

❸ 혼합현실(MR)과 확장 현실(XR)

혼합현실(MR: Mixed Reality)은 가상현실과 증강현실의 단점을 보완해 더욱 진화된 가상세계를 구현하는 기술이다. 증강현실은 사용자와 상호작용이 제한적이며 몰입도가 낮고, 가상현실은 현실과 분리되고 이질감을 준다는 한계점이 있다. 혼합현실은 현장작업자 또는 사용자 친화적으로 상호작용할 수 있는 효과적인 방법으로 활용되고 있다.

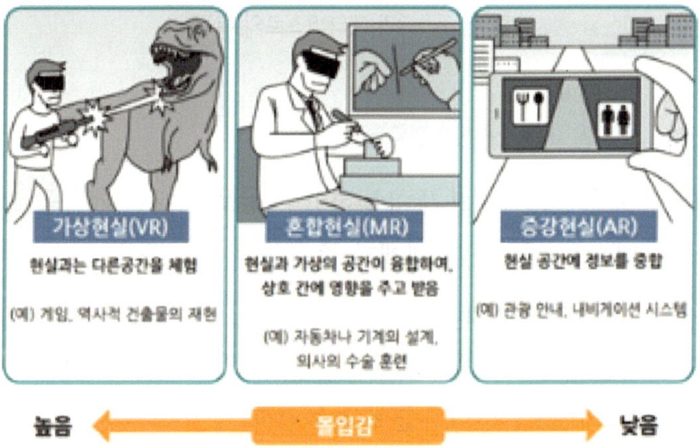

[그림 4] 혼합현실(MR) 개념[2]

확장 현실(XR: eXtended Reality)란 가상현실(VR)과 증강현실(AR), 혼합현실(MR)기술을 모두 지칭하는 용어로 가상과 현실을 융합해 현실의 경험을 확장하고 몰입감을 제공하는 것으로 메타버스는 VR.AR, MR과 같은 핵심요소 기술을 바탕으로 데이터, 네트워크, 클라우드, 인공지능 등 다양한 분야의 기술들이 접목해 실제 가상세계를 만들어 소통하는 세계라고 볼 수 있다.

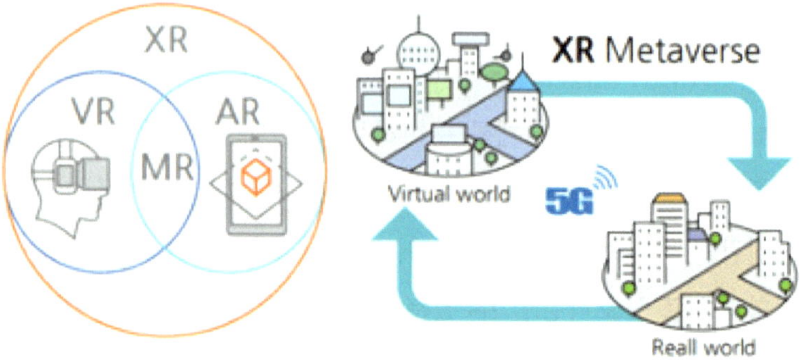

[그림 5] XR과 메타버스로의 확장[3]

❹ 超 세계의 메타버스2.0으로 진화

2000년대 세컨드라이프가 유행하고 가상을 접목한 기술을 모두 메타버스 유형으로 정의하며 세계가 주목하기 시작하였고 미국의 미래가속화 연구재단(ASF)은 증강현실(Augmented Reality)과 일상기록(Life logging), 거울 세계(Mirror Worlds), 가상세계(Virtual Worlds)의 4가지 유형으로 메타버스를 분류하였다.

[표 1] 메타버스 4대 유형 분류

구분	개념 정의	서비스 사례
증강현실 (Augmented Reality, AR)	• 이용자가 일상에서 인식하는 물리적 환경에 가상의 사물, 인터페이스를 겹쳐 놓음으로써 만들어지는 혼합현실	**가상피팅서비스(신세계백화점)** 고객들이 자신의 신체를 스캔하여 아바타를 생성 및 가상 피팅
라이프로깅 (Life Logging, LG)	• 인간의 신체, 감정, 경험, 움직임과 같은 정보를 직접 또는 기기를 통해 기록하고 가상의 공간에 재현하는 활동	**스마트워치(애플, 삼성 등)** 걸음수, 심장박동수, 맥박 등 개인의 일상 정보를 기록·분석

구분	개념 정의	서비스 사례
가상세계 (Virtual World, VW)	• 디지털 기술을 통해 현실의 경제·사회·정치적 세계를 확장시켜 유사하거나 혹은 대안적으로 구축한 신세계	**세컨드라이프(린든랩)** 가상세계에서 아바타간 상호 작용이 가능하고, 직접 건물, 의상 제작·판매
거울세계 (Mirror World, MW)	• 물리적 세계를 가능한 사실적으로 재현하되 추가 정보를 더한 '정보적으로 확장된(informally enhanced)' 가상세계	**구글어스(구글)** 위성 촬영 건물, 지형 데이터를 3D로 재현하여 실제 공간 지도로 제공

이미 메타버스는 우리에게 다가와 회사는 메타버스에서 입사식이나 발표회를 하고 있으며, 대학은 입학식이나 수업을, 가수는 신곡발표회나 콘서트를, 정치인은 정치홍보를 하고 있다.

[그림 6] 超 세계의 메타버스 2.0으로 진화

현재, 메타버스와 소셜네트워크서비스(SNS)가 연계된 플랫폼 서비스로는 대표적으로 포트나이트(Fortnite), 마인크래프트(Minecraft), 로블록스(Roblox), 동물의 숲(Animal crossing)이 있고, 국내에는 제페토(zepeto) 플랫폼 등이 있다.

❹ 메타버스 산업의 경제성

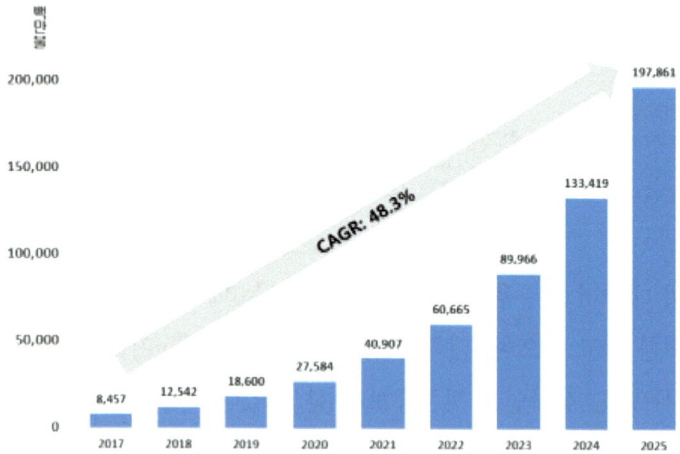

[그림 7] 글로벌 XR 시장 전망[4]

메타버스 시장규모를 살펴보면, 초기 산업·시장이 구체화하지 않아 시장조사기관들은 XR(VR(가상현실), AR(증강현실), MR(혼합현실), HR(홀로그램)) 시장을 출발점으로 하고 있으며, 향후 기존 시장과의 융복합 및 신시장이 합류될 것으로 전망된다. 또한, XR시장은 2019년 186억 달러 규모에서 연평균 48.3% 성장률로 2025년에는 연 1,987억 달러로 성장이 전망되고 있다.

[표 2] 메타버스를 준비하는 전 세계 주요기업 동향[5]

2019	2020	2021	2022	2023	2024	2025	CAGR(%)
18,600	27,584	40,907	60,665	89,966	133,419	197,861	48.3

분야/기업		주요 동향
ICT 분야	메타 Meta	• 회사명을 **'페이스북'**에서 **'메타'로 변경, 소셜**(SNS) **플랫폼 기업**에서 **메타버스 플랫폼** 기업으로 정체성 전환(Connect 2021, '21.10)
	마이크로소프트 Microsoft	• 사티아 나델라 CEO, "디지털과 물리적 공간을 통합하는 **새로운 협업구조** 필요" → **포괄적 메타버스 솔루션** 제공(MS Ignite 2021, '21.11)
	엔비디아 NVIDIA	• 젠슨 황 CEO, "우리는 그래픽칩(GPU), 인공지능(AI)을 뛰어넘는 종합컴퓨팅 회사" → **기술 인프라 중심 메타버스 기업**으로 도약(GTC, '21.11)
	애플	• **HMD**(Head Mounted Display) **관련 특허** 다수 출원 ('21.8 기준 15개 이상)
	퀄컴 QUALCOMM	• 크리스티아노 어몬 CEO, 마이크로소프트와 협업해 **초경량·저전력 AR 글래스 맞춤형 칩 개발 계획** 발표(CES 2022, '22.1)
기타	나이키 NIKE	• 메타버스 세계에서 아바타들이 신고 입을 수 있는 **운동화, 의류** 등 **7개 로고**(저스트 두잇, 조던, 점프맨 등) **상표권 출원 추진**('21.11)
	디즈니 Disney	• 밥 차펙 CEO, "물리적 세계와 디지털 세계를 연결해 경계 없는 스토리텔링을 제공하는 **독자적인 디즈니 메타버스 구축** 검토 중"('21.11)
	현대차 HYUNDAI	• 정의선 회장, 로봇공학과 메타버스를 결합해 새로운 차원의 이동 경험을 제공하는 **'메타모빌리티'** 청사진 제시(CES 2022, '22.1)

또한, 위의 [표 2]에서 살펴본 바와 같이 메타버스 시대를 준비하는 빅테크기업의 메타버스 주도권 경쟁은 올해 미국 라스베가스에서 열린 CES에서도 큰 관심과 화제가 되었으며, 이는 곧 메타버스 기술이 우리 일상에 스며들기까지 얼마 남지 않았다는 걸 의미하고 있다. 향후 우리 삶에서 디지털 공간이 차지하는 비중은 계속 증대되고, 메타버스로 표현되는 현실 세계와 가상세계의 융합이 빠른 속도로 진행될 것으로 보인다.

참고문헌

1 출처 : AI 시대의 컴퓨터 개론, 인피니티북스, 2022.

2 출처 : AI 시대의 컴퓨터 개론, 인피니티북스, 2022.

3 출처 : AI 시대의 컴퓨터 개론, 인피니티북스, 2022.

4 출처 : Extended Reality(XR), Market Research Report (Prescient&Strategic Intelligence), 2020

5 출처 : 메타버스 신산업 선도전략, 관계부처 합동, 2022.

03 물리 : 과학적 모형

김봉수 율천고등학교 물리 교사
전 아주대학교 과학영재교육원 중등물리융합 사사반 지도교사

필자는 상상하고 발견하는 즐거움과 함께 모름을 앎으로 바꾸는 물리학을 택한 게 인생에서 최고의 삶이었다고 힘주어 말하고 싶다. 물리학에서는 상상력을 발휘하여 친숙한 소재를 빗대거나 시각화한 허구적인 설명체계를 갖추는 데 이를 모델(또는 이론)이라고 한다. 이후 불일치한 실험 사실을 발견하면 옛 모델을 포괄한 새로운 모델로 대체하여 지식의 외연을 확장하고 축적한다. 이로써 미리 결과를 예측하고 실험으로 확인할 수 있는 영감과 통찰력의 원천이 되어왔다. 이러한 맥락에서 필자는 물리학자들이 제시한 모델의 역할과 의의 그리고 발견의 기쁨을 같이 공유하고자 한다.

❶ 흑체복사 이론

우선 흑체복사모델을 살펴보자. 19세기 말 독일은 철광석이 풍부한 알자스-로렌지방을 기반으로 군수산업을 키우려고 했다. 정부는 양질의 제철 생산을 위해 과학자들에게 기초 연구를 맡겼다. [그림 1]은 이상적인 복사체인 흑체로 가정할 때 진동수에 따른 에너지 밀도를 온도별도 측정한 실험자료이다. 진동수가 큰 영역에서 온도가 T일 때 스테판은 단위면적당 복사에너지 $I=\sigma T^4$로, 빈은 변위의 법칙 $\lambda_{max} T=2.898\times10^{-3}$(m · K)로 경험 법칙을 독립적으로 얻었다. 그런데 진동수가 큰 영역에서는 실험 결과와 일치했지만 작은 영역에서는 크

게 벗어났다. 한편 영국의 레일리와 진스는 전자기파 이론으로 흑체복사 문제를 해결했다. 그들은 [그림 2]와 같이 진동수 ν와 $\nu + d\nu$사이에 에너지 밀도가 $\frac{8\pi}{c^3}\nu^2 kTd\nu$임을 보였다. 여기서 c와 k는 각각 빛의 속력, 볼츠만 상수이다. 이번에는 진동수가 작은 영역에서는 실험 결과와 일치했지만 큰 영역에서는 크게 벗어났다.

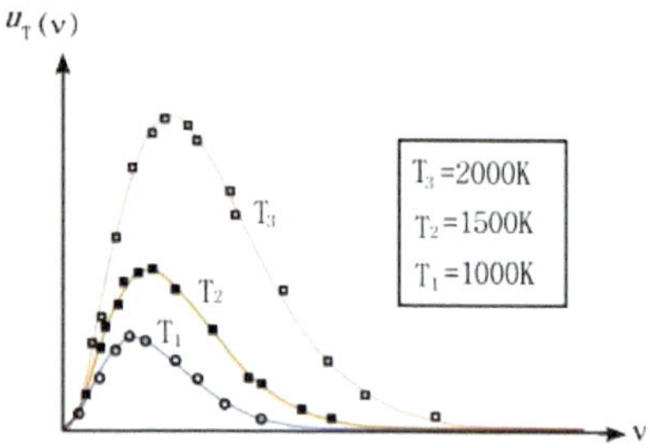

[그림 1]

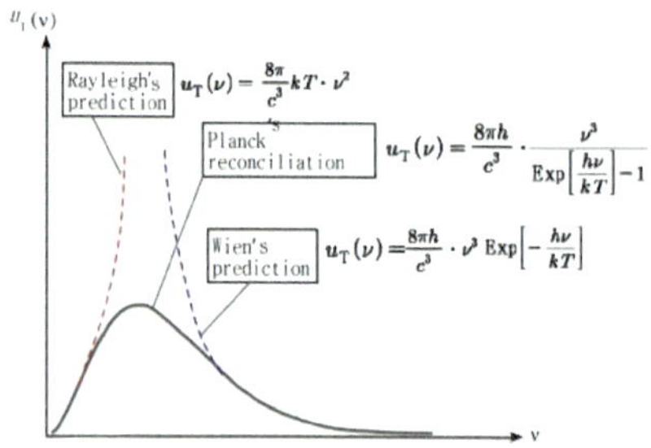

[그림 2]

두 극단의 모순을 일관성 있게 설명하려던 플랑크는 오랜 고뇌 끝에 어쩔 수 없이 볼츠만의 통계역학을 받아들여 흑체복사 에너지가 진동수에 비례하는 불연속적인 양이라고 가정했다. 여기서 그는 분배량의 단위 상수를 h로 나타냈는데 이것이 유명한 플랑크 상수이다. 온도가 T일 때 진동수 ν와 $\nu + d\nu$사이의 에너지 밀도를 $u_T(\nu)d\nu = \frac{8\pi h}{c^3} \frac{\nu^3}{e^{\frac{h\nu}{kT}} - 1} d\nu$로 수식화하였다. 그 결과 진동수가 작은 영역($h\nu \ll kT$)에서는 레일리의 곡선에 근사하였다. 한편 진동수가 높은 영역($h\nu \gg kT$)

에서는 플랑크의 식을 적분하면 스테판 법칙으로, 역으로 미분하면 빈의 법칙으로 각각 근사하였다. 베를린 대학교수였던 그는 1900년 12월 14일 독일 물리학회에 그의 흑체복사이론을 발표하는데 바로 이것이 현대물리학이라는 새로운 신호탄이 되었다.

이로부터 불과 5년 후인 1905년 아인슈타인은 대담하게도 플랑크의 흑체복사 이론을 빛으로 확장하여 당시 고전 이론으로 설명하지 못했던 광전효과를 설명했고, 이후 컴프턴의 X선 산란 실험으로 최종 확인되었다. 나중에 미국의 과학자 루이스(Lewis)는 '광자(光子', Photon)라는 이름을 붙였다.

1930년 구소련 과학자 마트베이 브론슈타인(Matvei Bronštejn, 1906~1938)은 순전히 직관적으로 디랙 상수 $\hbar$, 빛의 속력 c, 만유인력상수 G의 차원값을 기본 연립방정식으로 풀어 자연에 존재하는 최소시간 $t_{\mathrm{P}} = \sqrt{\frac{\hbar G}{c^5}}$ ($\approx 10^{-44}$초)과 최소길이$l_{\mathrm{P}} = \sqrt{\frac{\hbar G}{c^3}}$ ($\approx 10^{-33}$cm)를 계산하였다.

1990년 미국의 나사의 우주배경복사 연구 프로젝트 COBE 팀이 관측 위성에 탑재한 직외선 측정 장비(FIRAS)로 [그림 3]과 같은 실험 결과를 얻었다. 관측자료와 이론치가 숨이 멎을 만큼 정확하게 일치한다. 온도 2.735K의 흑체복사 곡선이 바로 우주배경복사의 실제 온도임을 말해준다. 여기서 수직축은 빛의 세기 $I\,(= u_{\mathrm{T}}\,c)$이고, 수평축은 공간적 진동수이다.

1호 과학과 기술의 융합 2호 과학의 경계와 현대사회 3호 과학의 탐구와 혁신 4호 과학과 예술의 상호작용

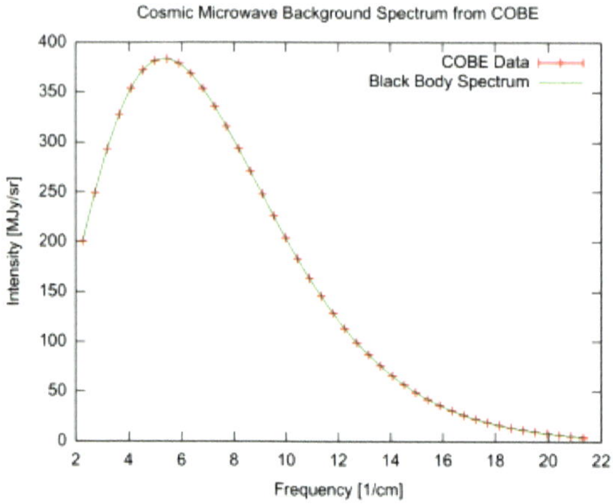

[그림 3]

과학자들은 플랑크의 양자가설을 통해 우주 배경복사(CMBR)의 온도를 간접적으로 알 수 있다는 게 바로 과학이 주는 매력이자 아름다움이라 할 수 있다.

❷ 중성자

두 번째로 중성자의 발견에 이르기까지 과학자들이 쏟은 열정과 통찰력의 여정을 살펴보자. 1895년 영국의 톰슨은 음극선관 실험으로부터 전자를 발견한다. 이후 그의 제자인 러더퍼드가 1909년 얇은 금박에 알파 산란을 일으켜 양성자의 존재를 발견한다. 그러나 전기적 성질을 띠지 않은 중성자는 훨씬 느지막하게 발견된다.

1930년 독일의 보테와 베커는 [그림 4]와 같이 폴로늄에서 나오는 알파입자를 베릴륨에 때렸을 때, 다른 원소에서는 볼 수 없는 강력한 감마선이 나오는 것을 관찰했다. 프랑스에서도 이렌 졸리오 퀴리 부부는 보테와 베커가 관찰한 이 강력한 감마선으로 파라핀과 같이 수소를 포함한 물질에 피폭시켰다. 이온화 강도를 계수기로 측정하였더니 예상과 달리 오히려 엄청나게 증가했다. 그들은 이것이 양성자라고 발표했지만, 그렇게 하려면 감마선이 엄청난 규모의 에너지와 작용 단면적을 가져야만 했다.

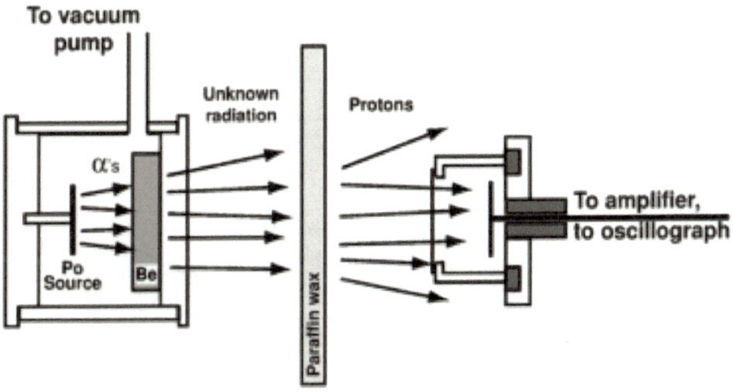

[그림 4]

바로 이때 채드윅(James Chadwick)은 1920년부터 그의 멘토였던 러더퍼드가 핵 내부에 중성자가 존재할 가능성이 있다고 들었던 터라 모든 상황을 종합해 1932년 '중성자의 가능한 존재(Possible existence of a neutron)'에서 감마선이라고 하기엔 양성자를 튕겨낼 정도의 에너지가 아님을 직감했다.

에너지보존법칙에 따라 양성자를 튕겨내려면 그와 질량이 비슷한 입자여야 한다. 질량보존의 법칙을 이용해 정확한 질량을 구했다. 그런데 측정값이 러더퍼드의 예측값과 일치하였다. 마침내 채드윅은 [그림 5]

와 같은 모식도를 상정하여 중성자의 존재를 발견하게 되는데 이로써 양성자와 전자 이외에 미지의 입자로 알려졌던 중성자의 존재를 실험과 추론으로 밝혀냈다.

이를 현대적 버전의 모식도로 해석하면 베릴륨에서의 핵반응은

$$ {}_{2}^{4}\mathrm{He} + {}_{4}^{9}\mathrm{Be} \rightarrow {}_{6}^{12}\mathrm{C} + {}_{0}^{1}\mathrm{n}, $$

파라핀에서는 에너지 보존 법칙에 따라

$$ \frac{1}{2} m_{\mathrm{n}} v_{\mathrm{n}}^{2} = \frac{1}{2} m_{\mathrm{p}} v_{\mathrm{p}}^{2}. $$

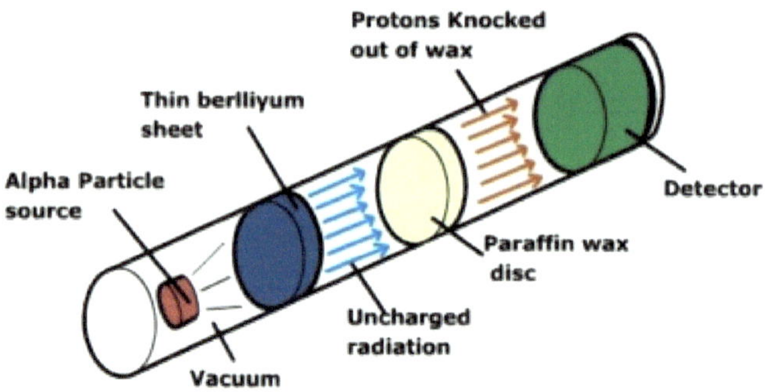

[그림 5]

채드윅의 중성자 발견을 계기로 이탈리아의 페르미는 중성자를 이용하여 원소의 핵변환을 일으켰고, 1938년 독일의 오토 한과 프리츠 스트라스만은 우라늄 핵분열 현상을 발견했다. 이후 극비리에 미국의 핵폭탄 개발로 이어졌고 2차 세계 대전 후 핵 추진 잠수함과 핵발전소로 확장하며 인류문명은 새로운 전기를 맞게 된다.

한편 1934년 미국의 츠위키는 초신성 폭발에 의한 중성자별의 존재를 예측했고, 1967년 영국의 조세린 벨과 앤토니 휴이시는 펄서를 발견한다. 1974년 미국의 헐스와 조세프 테일러는 푸에르토리코에 있는 아레시보 전파망원경으로 이중 펄서를 발견한다. 이후 미국의 나사에서는 2002년 화성 궤도를 비행하던 탐사선(Mars Odyssey Spacecraft)은 중성자 분광기로 지하에 물의 존재 가능성을 확인하였다.

❸ 쿼크 모형

QCD의 결정체인 표준모형은 질량을 설명하지 못해 이를 보완하기 위해 과학자들은 초끈 이론을 조심스럽게 제안하고 있다. 그러나 이를 증명하기에는 아직 더 많은 기술과 돈, 그리고 시간이 요구된다. 표준모형을 기초한 겔만의 일화가 더욱 흥미를 돋운다.

겔만의 '쿼크 모형' 아이디어는 아주 우연한 사건을 계기로 찾아왔다. 1963년 겔만은 컬럼비아 대학교에서 초청 강연을 하는데 마침 그 대학교에는 로버트 서버(Robert Server)가 있었다. 서버는 이미 맨해튼 프로젝트에 참여하여 로버트 오펜하이머와 함께 일한 전력이 있었다. 겔만의 '쿼크 모형'은 서버 교수와의 운명적인 만남에서 시작되었다.

그가 강의를 마치고 서버와 같이 구내식당에서 점심을 먹게 되었다. 때마침 서버는 삼각형으로 접혀있던 냅킨을 만지작거리며 지나가는 투로 "기본입자들이 세 종류이고 이들이 냅킨 모양처럼 삼각형의 구도를 이루고 있지 않을까?"라고 말했다. 그는 캘리포니아 공과대학에 돌아가서도 서버의 말이 뇌리에 여전히 남아있었다.

그는 칠판에 삼각형을 기본 무늬로 하는 타일을 그리기 시작했다. 당시 알려져 있던 양성자와 중성자 그리고 중간자 등을 분해하면 그보다도 훨씬 더 작은 기본입자로 되어 있다고 생각했다. [그림 6]처럼 삼각형의 꼭짓점에 기본입자들이 놓여 있는 그림을 상상했고 이들을 업(u), 다운(d), 스트레인지(s)라는 쿼크로 가정했다. 입자가 있으면 반드시 반입자 역시 존재해야 하기에 '쿼크 타일'에 대응하는 검은색 '반쿼크 타일'도 만들어 보았다. 겔만은 반쿼크를 뒤집은 삼각형으로 생각해보았다. 그리고 [그림 7]과 같이 '쿼크 타일'과 '반쿼크 타일'을 그림처럼 이어 붙여 보았다.

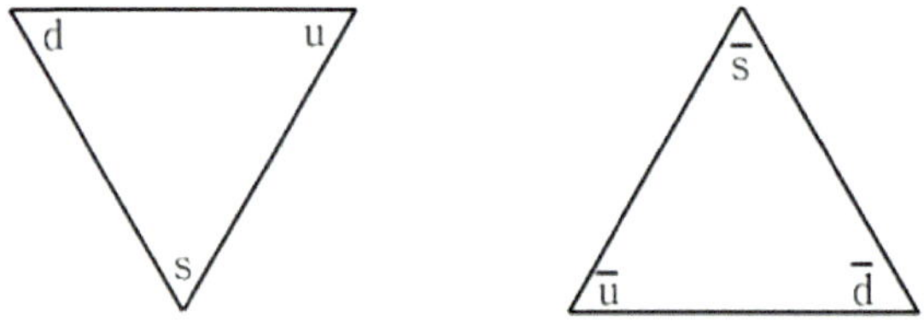

[그림 6]

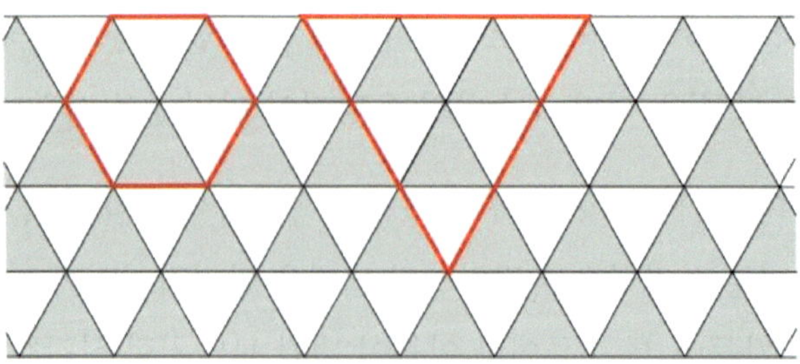

[그림 7]

이어서 겔만은 업, 다운 및 스트레인지 쿼크의 질량과 전하량을 가정하는 쿼크와 반쿼크를 〈표 1〉과 〈표 2〉를 만들어 보았다.

〈표 1〉 쿼크

	u	d	s
전하(q)	$+\frac{2}{3}$	$-\frac{1}{3}$	$-\frac{1}{3}$
기묘도(S)	0	0	−1
질량(MeV/c^2)	5	10	200

〈표 2〉 반쿼크

	$\bar{u}$	$\bar{d}$	$\bar{s}$
전하(q)	$-\frac{2}{3}$	$+\frac{1}{3}$	$+\frac{1}{3}$
야릇함(S)	0	0	−1
질량(MeV/c^2)	5	10	200

겔만은 그때까지 발견된 모든 입자는 쿼크와 반쿼크로 모두 설명할 수 있다고 생각했다. 예컨대 〈표 3〉과 같이 유가와 히데키가 예언한 π^+ 중간자는 업쿼크와 반다운 쿼크로 이루어져 있다고 생각했다.

〈표 3〉 파이 중간자

	$\pi^+(=u\bar{d})$	$\pi^0(=u\bar{u})$	$\pi^-(=d\bar{u})$
전하(q)	+1	0	−1
기묘도(S)	0	0	0
질량(MeV/c^2)	139.6	135.0	139.6

겔만은 [그림 8]과 같이 오른쪽 꼭짓점에서는 업과 반다운 쿼크가 만나 π^+중간자로, 왼쪽 꼭짓점에서는 반업과 다운 쿼크가 만난 π^-중간

자로 표기하였다. 이런 식으로 [그림 8]과 같이 꼭짓점마다 그에 대응하는 중간자로 표기할 수 있었다. 게다가 [그림 9]처럼 기묘도(S)와 전하(q)도 일관성 있게 설명할 수 있게 되었다.

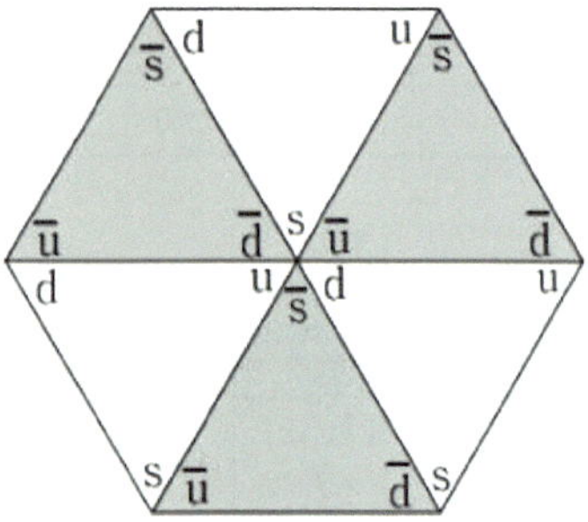

[그림 8]

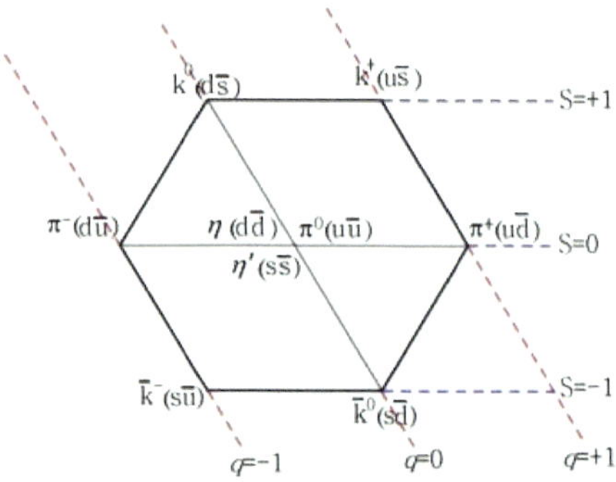

[그림 9]

겔만은 이러한 '냅킨-타일' 논리를 확장하여 [그림 10]과 같이 3개의 쿼크로 구성된 중입자로 배열해 보았다. 〈표 4〉는 [그림 9]와 [그림 10]의 관계를 연결한 것이다. 겔만은 이 육각형과 역삼각형 타일을 이용해 중간자와 중입자들의 질량, 전하, 스핀을 규칙적으로 설명하는 데 성공했다.

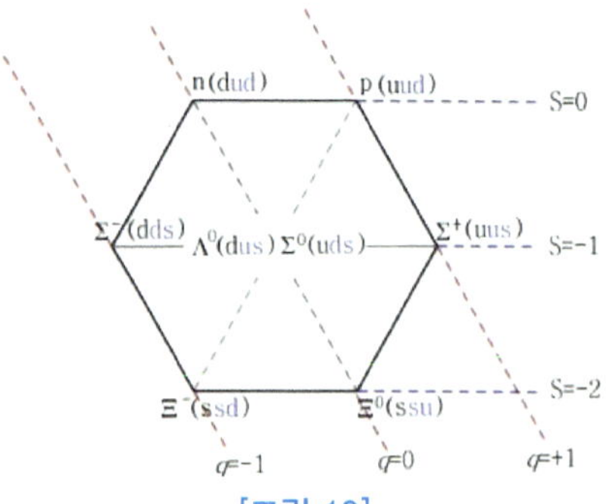

[그림 10]

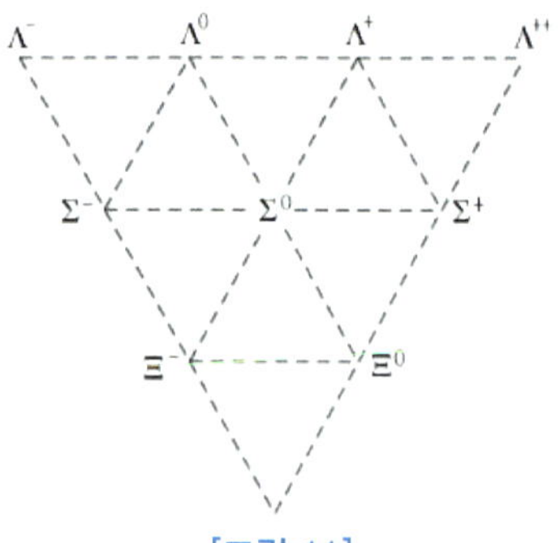

[그림 11]

〈표 4〉 중간자와 중입자와의 규칙성

중간자 (meson)		중입자 (baryon)	비고			
$k^0(d\bar{s})$	→	n(dud)	$\bar{s}$	→	ud	$+\frac{1}{3}=\left(+\frac{2}{3}\right)+\left(-\frac{1}{3}\right)$
$k^+(u\bar{s})$	→	p(uud)	$\bar{s}$	→	ud	$+\frac{1}{3}=\left(+\frac{2}{3}\right)+\left(-\frac{1}{3}\right)$
$\pi^-(d\bar{u})$	→	Σ^-(dds)	$\bar{u}$	→	ds	$-\frac{2}{3}=\left(-\frac{1}{3}\right)+\left(-\frac{1}{3}\right)$
$\pi^0(u\bar{u})$	→	Σ^0(uds)	$\bar{u}$	→	ds	$-\frac{2}{3}=\left(-\frac{1}{3}\right)+\left(-\frac{1}{3}\right)$
$\pi^+(u\bar{d})$	→	Σ^+(uus)	$\bar{d}$	→	us	$+\frac{1}{3}=\left(+\frac{2}{3}\right)+\left(-\frac{1}{3}\right)$
$k^-(s\bar{u})$	→	Ξ^-(sds)	$\bar{u}$	→	ds	$-\frac{2}{3}=\left(-\frac{1}{3}\right)+\left(-\frac{1}{3}\right)$
$\bar{k}^0(s\bar{d})$	→	Ξ^0(sus)	$\bar{d}$	→	us	$+\frac{1}{3}=\left(+\frac{2}{3}\right)+\left(-\frac{1}{3}\right)$

그런데 육각형을 약간 변형하여 [그림 11]과 같이 10개의 볼링핀 구도로 역삼각형으로 만들면 헤드핀인 맨 아래쪽 꼭짓점이 비어 있음을 알 수 있다. 당시까지 발견된 입자 중에는 그 꼭짓점에 들어갈 게 없었다. 겔만은 이에 대응하는 Ω^-라는 입자가 있어야 한다고 생각했다. 그리고 스핀, 전하, 기묘도 에너지가 각각 $-\frac{3}{2}$, -1, -3, 1680 MeV여야 한다고 예언했다. 그로부터 1년 뒤 미국 뉴욕 근교에 있는 브룩헤이븐 연구소의 사미우스(Nicholas Samios)가 이 입자를 발견했다.

〈표 5〉는 지금까지 알려진 6개의 쿼크와 반쿼크를 각각 나타낸 것이다. 이 중 기묘(c), 꼭대기(t), 바닥(b) 쿼크의 질량은 이전에 발견된 쿼

크에 비해 무거운 데 특히 꼭대기(t) 쿼크의 질량은 양성자의 190배 정도이다.

중간자인 π^0이 업과 반업쿼크($u\bar{u}$)로 이루어졌듯이 과학자들은 기묘와 반기묘쿼크($c\bar{c}$)로 이루어진 중간자가 있을 것으로 보고 찾아 나섰다. 1974년 부룩헤이븐 연구소의 팅과 스탠포드 대학의 리히터가 독립적으로 동시에 발견하였기에 이 입자를 J/Ψ라고 이름 지었다.

꼭대기(t) 쿼크는 1995년 페르미 연구소에서 각각의 에너지가 0.9 TeV ($=9\times10^{11}$ eV)인 양성자와 반양성자를 충돌시켜 그 존재가 확인되었다. 그중 드물게 꼭대기와 반꼭대기쿼크($t\bar{t}$)로 이루어진 입자가 순간적으로 생겼다가 사라지는 현상을 발견했다.

〈표 5〉 세대별 쿼크의 종류

입자	표기	질량 (MeV/c^2)	양자수			반입자
			전하 q	기묘도 S	중입자수 B	
Up	u	5	$+\frac{2}{3}$	0	$+\frac{1}{3}$	$\bar{u}$
Down	d	10	$-\frac{1}{3}$	0	$+\frac{1}{3}$	$\bar{d}$
Charm	c	1500	$+\frac{2}{3}$	0	$+\frac{1}{3}$	$\bar{c}$
Strange	s	200	$-\frac{1}{3}$	−1	$+\frac{1}{3}$	$\bar{s}$
Top	t	175000	$+\frac{2}{3}$	0	$+\frac{1}{3}$	$\bar{t}$
Bottom	b	4300	$-\frac{1}{3}$	0	$+\frac{1}{3}$	$\bar{b}$

겔만이 강연차 컬럼비아대학에 들렀다가 우연히 접한 냅킨-타일을 입자에 적용하여 표준모델을 만들어가는 과정은 말 그대로 20세기 최대의 지적 묘기라 하지 않을 수 없다. 간단한 아이디어를 다이어그램이나 모식도 또는 수식이라는 완성된 체계로 구체화하기까지 물리학자들 불굴의 문제해결력과 과제집착력에 필자는 깊은 경의를 표한다.

필자는 20여 년의 물리학 인생을 요약한다면

이 세상에는
아름다움으로 가득 차 있고(beaufitulness)
실컷 놀 수 있는 것으로 가득 차 있고(playfullness),
경이로운 것들로 가득 차 있다(wonderfullness).

'과학하다'를 짧게 권한다.

이 세상에 태어나

모름에 안달하고(Stay Inquisitive)!
삐딱하게 생각하고(Stay Reflective)!
아이의 눈으로 멀찍이서(Stay Childlike)
과학의 지평을 바라보길 권한다.

참고문헌

1 현대물리학의 선구자, 임경순, 다산출판사
2 겨우 존재하는 것들, 김제완, 사이언스 북스
3 빅뱅의 메아리, 이강환, 마음산책
4 양자역학의 세계, 가다야마 야수히사 저, 김명수 역, 전파과학사
5 Reality is not what it seems like, Carlo Rovelli, Penguin Books
6 The Story of Earth, Robert M. Hazen, Penguin Books
7 Quantum physics, Robert Eisberg & Robert Resnick
8 Fundamentals of Physics, Halliday & Resnick, Jearl Walker 8th version,
9 [그림 3] https://www.astro.ucla.edu/~wright/CMB.html
10 [그림 4], [그림 5] https://crew-factory.tistory.com/231

04 생물 : 호주에는 다른 대륙에서 볼 수 있는 동물과는 다른 동물을 볼 수 있다.

홍준의 서원대학교 생물교육과 교수
아주대학교 과학영재교육원 중등생물심화반 지도교수

❶ 호주는 어떤 나라인가?

호주하면 떠오르는 것이 무엇인가요? 오페라 하우스도 있지만, 캥거루를 떠올리는 사람도 있을 것입니다. 캥거루, 코알라와 같은 몇 가지 동물을 이야기하는 학생이 있다면 생물에 대한 관심이 많은 사람일 것입니다.

호주는 우리나라 사람들이 많이 여행 가는 곳입니다. 그곳의 동식물은 매우 특이합니다. 호주는 4만 년 전부터 원주민이 살고 있었고 유럽인들은 1606년에 네덜란드 사람이 처음으로 도착해서 해안을 측량하고 관측하면서 원주민과 만났다고 합니다. 그러나 이들은 정착하지 않았고 1770년에 영국의 제임스 쿡이 호주를 탐험한 이후로 영국 사람들이 이곳에 정착했습니다. 호주에 가면 제임스 쿡이 해안에 도착해서 상륙했던 지역을 기념하기 위해 붙여진 '1770'이라는 지명도 있습니다. 호주의 현재 수도는 캔버라이고 6개의 주와 2개의 준주로 구성되어 있습니다.

[그림 1] 호주

[그림 2] 1770

❷ 유대류가 무엇인가요?

호주에 가보면 특이한 동물들이 많이 보입니다. 캥거루, 왈라비, 코알라, 웜뱃, 태즈메니안데블 등 야생동물원에 가면 쉽게 볼 수 있습니다. 그런데 이들은 공통적인 특징이 있습니다. 호주 이외의 다른 대륙에서는 볼 수 없다는 것입니다. 그렇다면 이들은 다른 대륙의 동물과 무엇이 다를까요? 이런 동물은 대체 어떤 특징이 있을까? 이런 의문을 품은 학생이 있었다면 벌써 답을 알고 있을 것입니다. 바로 "유대류"라는 것이지요. 유대류는 육아낭이라고 하는 주머니를 가지고 있는 동물들을 말합니다. 유대류는 포유류의 한 갈래로, 태생 포유류이지만 태반이 없거나 불완전하며, 어린 짐승은 완전히 성숙하지 않은 채로 태어납니다. 대부분 암컷 배 부분에는 육아낭이 있는데, 갓 태어난 어린 짐승은 어미가 핥아서 만든 길을 기어서 육아낭에 들어가 거기에 있는 젖꼭지에 도달합니다. 어린 짐승은 젖을 빨아 먹지 못하므로, 어미는 근육 작용으로 젖을 분비해 줍니다. 이들은 호주에 주로 살고 있으며, 아메리카에도 일부 살고 있습니다. 캥거루, 코알라, 주머니쥐, 주머니고양이, 웜뱃 등을 비롯한 248종이 알려져 있습니다.

유대류는 호주와 호주 북쪽의 인도네시아 섬의 일부와 뉴기니 등에 분포합니다. 생물학 관련 분야로 생물지리학이라는 학문 분야가 있습니다. 지구상의 생물 분포를 연구하는 학문입니다. 호주와 아시아 지역의 동물들을 관찰한 월리스라는 사람이 있습니다. 그는 생물학자이자 지리학자, 탐험가로 아시아와 호주 지역의 동물을 관찰하다가 월리스 선을 제안했으며, 찰스 다윈과 함께 진화론에 대한 논문을 처음으로 학계에 제출한 사람으로 진화의 아버지로 불립니다. 월리스 선은 아시아 지역과 월리스 지역(아시아와 호주 사이의 중간 영역)을 나누는 생물지리학적 경계선입니다. 이 선의 서쪽에서는 아시아 종이 발견되고 동쪽에서는 아시아와 호주의 종이 혼재합니다. 대표적인 경계가 인도네시아의 발리섬 서쪽과 동쪽에 있는 롬복섬 사이입니다. 이곳을 경계로 양쪽의 동물뿐만 아니라 식물들도 매우 다른 패턴을 나타냅니다. 월리스 선 동남쪽 지역에는 서쪽에서는 볼 수 없는 유대류가 서식하고 있습니다.

[그림 3] 호주의 휘장–캥거루와 에뮤

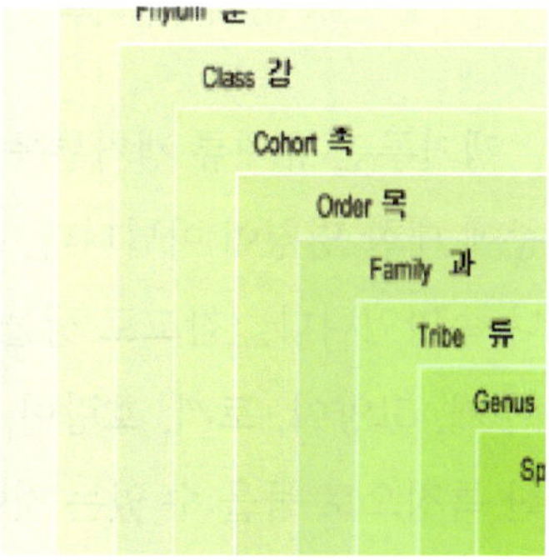

[그림 4] 생물의 분류 체계

❸ 캥거루는 종류가 많다고요?

먼저 호주의 상징인 캥거루에 대해 알아보도록 하겠습니다. 호주의 국회의사당에 가보면 이 나라를 상징하는 2마리의 동물이 있습니다. 캥거루와 에뮤입니다. 캥거루는 호주 정부의 추산으로 2016년 기준으로 호주에 4,500만 마리가 서식한다고 합니다. 호주 국민이 2,500만이니 캥거루가 호주 국민보다 1.5배 더 많이 살고 있습니다.

[그림 5] 회색 캥거루

[그림 6] 붉은 캥거루

캥거루란 유대류 캥거루목 캥거루과에 속하는 동물의 총칭으로 특정 종에 대한 명칭이 아닙니다. 보통 우리가 부르는 동물의 이름은 과명이나 속명입니다. (참고로 생물은 종이 분류의 기본 단위입니다. 예를 들어 개, 고양이, 토끼, 호랑이, 여우 등은 종의 이름입니다. 이들 중 비슷한 특징으로 묶을 수 있는 것이 속, 속이 모여서 과, 목, 강, 문, 계로 이어집니다.)

캥거루 속에 속하는 캥거루 종으로는 붉은 캥거루와 회색 캥거루가 있습니다. 이들은 키가 1.5m 이상이 되는 것도 있습니다. 이들은 뒷다리보다 앞다리가 짧습니다. 그렇지만 앞다리는 근육질로 되어 있습니다. 한때는 캥거루의 앞다리에 글러브를 끼고 링 위에서 사람과 권투를 하게 한 것도 있습니다. 그런데 캥거루는 앞다리로만 싸우는 것이 아니고 꼬리를 축으로 이단옆차기도 합니다. 일반적으로 몸집이 큰 것이 캥거루이고 이보다 작은 것은 왈라비라고 합니다. 이들은 모두 초식동물로 건조한 사막 지역에 사는 것이 많습니다. 이들보다 몸집이 작은 종은 왈라비라고 불립니다. 그 외에도 나무에 사는 나무 캥거루도 있습니다. 이들은 생김새가 원숭이 비슷하고 나무 위에서 생활합니다. 그런데 캥거루처럼 폴짝폴짝 뛰어다닙니다.

[그림 7] 나무 캥거루

[그림 8] 왈라비

④ 호주에는 세상에서 가장 행복한 동물이 살고 있어요

쿼카는 캥거루과에 속하는 소형 유대류입니다. 호주의 서남부의 로트네스트 섬과 그 주변 도서에 서식합니다. 호주 서남부의 대표적이면서 큰 도시는 퍼스입니다. 퍼스에 가면 쿼카들을 많이 볼 수 있습니다. 쿼카는 몸무게가 2.5kg~5kg 정도 되며 고양이나 작은 개와 비슷한 덩치를 가지고 있습니다. 둥글고 땅딸막한 귀를 가지고 있으며 털색은 회색빛을 띤 갈색입니다.

[그림 9] 쿼카

[그림 10] 코알라

쿼카는 항상 웃는듯한 인상을 주어 '세상에서 가장 행복한 동물'이라는 별명이 붙어 다닙니다. 새끼는 어미의 배주머니 속에서 7개월 정도 살다가 3~4개월이 지나면 밖으로 나와서 생활합니다.

코알라는 캥거루와 함께 호주를 상징하는 동물로 알려져 있습니다. 코알라도 유대류입니다. 생긴 것이 곰을 닮아서 주머니곰, 나무타기주머니곰 등으로도 불렸었지만 생활하면서 나타나는 특징을 보면 곰 보다는 나무늘보와 가깝습니다. 코알라는 정말 코가 큽니다. 발톱은 나무에 매달리기 좋게 잘 발달하여 있습니다. 코알라는 유칼립투스 잎만 먹이로 먹고 있습니다. 유칼립투스잎은 잘 소화가 되지 않고 알코올성분이 있어서 하루 중 4시간 동안은 먹고 20시간을 유칼립투스 나무에 매달려서 먹은 음식을 소화하면서 잠을 자는 모습이 관찰됩니다.

❺ 호주의 나무늘보

웜뱃은 통통한 몸을 가지고 있어 돼지처럼 보이기도 합니다. 이들은 초식동물로 풀이나 뿌리를 먹고 살며, 설치류처럼 굴을 파고 삽니다. 이에 적합한 기다란 앞니와 강한 발톱은 마치 햄스터 같아 보이지만, 유대류답게 육아 주머니가 있고 꼬리가 거의 퇴화하는 등 코알라와도 신체적 특징이 비슷합니다. 그러나 크기는 코알라보다 큽니다. 웜뱃은 다 자라면 키가 70~120cm, 몸무게는 25~40kg까지 나가고 수명은 약 20~25년입니다. 웜뱃은 멸종위기 관심 대상 종으로 분류하여 보호하고 있습니다.

[그림 11] 웜뱃

[그림 12] 에뮤

또 하나의 호주를 대표하는 동물로 날지 못하는 새인 에뮤가 있습니다. 아프리카에 서식하는 타조와 비슷하지만, 생김새는 좀 다릅니다. 타조보다 날개가 매우 작아서 잘 보이지 않습니다. 날개 발톱도 1개를 가지고 있고. 긴 목의 중간 부분까지 깃털이 나 있는 것이 특징입니다. 에뮤는 타조 다음으로 큰 새로서 키가 1.9m나 됩니다. 야생상태에서 최대 30년 가까이 살 수 있다고 합니다. 과일, 작은 동물, 곤충, 풀뿌리와 곡식을 즐겨 먹으며 다른 타조류처럼 발톱이 매우 튼튼합니다. 에뮤는 최대 50km/h의 속력으로 달릴 수 있다. 한때 야생의 에뮤들이 많이 번식해서 에뮤가 농장을 침입하여 큰 피해를 주기도 했습니다. 그래서 호주 정부는 이들과의 전쟁을 벌여 개체 수를 조절하려 했습니다. 그래서 기관총과 탄약 1만 발을 가지고 에뮤를 잡으려 했지만, 에뮤에게 참패를 당한 적이 있습니다.

❻ 토끼 전쟁

그렇다면 호주에는 유대만 살고 있을까? 당연히 아닙니다. 유럽사람들이 호주로 이주해 오면서 개와 토끼도 들여왔습니다. 토끼는 사냥용을 들여온 토끼가 야생에서 살아남아 호주 전역으로 퍼졌습니다. 토끼는 설치류로 엄청난 번식력을 자랑합니다. 호주에는 토끼의 천적이 없어서 토끼는 엄청나게 빠른 속도로 증가했습니다. 이들은 풀을 닥치는 대로 먹어치우고 뿌리마저 먹어서 토끼들이 지나간 자리는 황폐해지었습니다. 그래서 사람들은 사냥해서 토끼를 잡아 개체 수를 줄이려고도 했지만, 토끼의 번식력을 따라가지 못했습니다. 또 다른 방법으로 토끼가 농장을 침입하지 못하도록 울타리를 치기도 했습니다. 이 역시 성공하지 못했고 다음으로 바이러스를 이용해서 토끼의 개체 수를 잡아보려 했습니다. 그런데 처음에는 성공하는 듯했으나 이 바이러스에 저항력이 있는 토끼들이 번식해서 바이러스를 이용한 토끼 개체 수 조절에 역시 실패했습니다. 지금 현재도 토끼와의 전쟁은 마무리되지 않은 상태입니다.

❼ 태반류와 유대류가 함께 살면 누가 유리할까요?

태반이 발달한 포유류는 새끼를 잘 보호할 수 있습니다. 왜냐하면, 어린 개체는 어미의 몸속에서 태반과 탯줄을 통해 연결되어 잘 보호되고 있습니다. 그러나 유대류는 태반이 없거나 잘 발달하지 않아 한 개체가 완성되기 전에 어미 몸 밖으로 나와 육아 주머니에 들어가서 나머지 성장을 합니다. 따라서 외부의 침입이 있을 때 어린 개체를 잘 보호할 수 없습니다.

시간이 되면 호주의 동물들에 대한 좀 더 많은 이야기를 함께 하고 싶지만 지면 관계로 이만 줄이도록 하겠습니다. 요즘에 해외여행도 많이 가고 있습니다. 어느 나라든 그 나라에 서식하는 동식물을 관심 있게 보고 그들의 특징을 알아보는 것으로부터 과학의 탐구를 시작해보는 것은 어떨까요?

미래사회를 선도할 꿈나무들을 위한 과학 CML

초판발행 2023년 11월 15일

지은이 최수영 · 오규환 · 이경화 · 이영만 · 황택규 · 백재순 · 류신호
박기수 · 송상헌 · 구은희 · 강재필 · 이태권 · 정은경 · 고종원
김봉수 · 홍준의

펴낸이 오판근

펴낸곳 (주) 교우

주 소 서울시 동대문구 약령시로 8 교우빌딩 2층 (주)교우

전 화 02-925-2861 / **팩 스** 070-7966-8610. **편집부** 02-925-2825

홈페이지&북스토어 www.kyowoo.co.kr / 이메일 kyowoo@kyowoo.co.kr

등 록 1994년 3월 24일 제1994-000013호

ISBN 979-11-251-0382-0 (03400)

Published by Kyowoo Co., Ltd. Printed in Korea

(주) 교우는 보다 혁신적이고 참신한 도서를 다양하게 기획하고 있습니다.
책으로 펴내고자 하는 아이디어나 원고는 메일로 보내주세요.
(주) 교우는 전과정을 책임지고 최선을 다하겠습니다.

값 20,000원

교우미디어는 (주) 교우의 Imprint 사입니다.
수학정원·과학정원은 (주) 교우의 새로운 브랜드명입니다.

잘못된 책은 구입하신 서점에서 교환해 드립니다.